전국귀농운동본부 20주년 기념 출판

두 번째
귀농 길잡이

전국귀농운동본부 엮음

소나무

귀농 길잡이 두 번째

초판 발행일 | 2016년 11월 25일
두 번째 발행일 | 2018년 11월 25일

엮은이 | 전국귀농운동본부
펴낸이 | 유재현
편집 | 강주한
마케팅 | 유현조
디자인 | 박정미
인쇄 · 제본 | 영신사
종이 | 한서지업사

펴낸 곳 | 소나무
등록 | 1987년 12월 12일 제2013-000063호
주소 | 412-190 경기도 고양시 덕양구 대덕로 86번길 85(현천동 121-6)
전화 | 02-375-5784
팩스 | 02-375-5789
전자우편 | sonamoopub@empas.com
전자집 | blog.naver.com/sonamoopub1

책값 15,000원

ISBN 978-89-7139-831-9 03520

이 도서의 국립중앙도서관 출판예정도서목록(CIP)은 서지정보유통지원시스템 홈페이지(http://seoji.nl.go.kr)와
국가자료공동목록시스템(http://www.nl.go.kr/kolisnet)에서 이용하실 수 있습니다. (CIP제어번호: CIP2106026796)

두 번째
귀농 길잡이

전국귀농운동본부 엮음

소나무

목차

2부_ 땅과 삶에 뿌리내리기

유기농 피플

유기농 라이프

귀농 정보 곳간

여는 글

차흥도 | 전국귀농운동본부 본부장

여러분들이 귀농하고자 하는 마음을 먹었을 때 무엇이 제일 막막하던가
요?

"농촌에 가서 살 수 있을까?"
"농사로 먹고살 수 있을까?"
"내가 농사를 제대로 지을 수 있을까?"
"정말로 행복해질까?"
"어떻게 해야 농촌에 가서 행복하게 살 수 있을까?"

이런 물음들이 여러분 마음에 가득 찼을 것입니다. 『귀농 길잡이』는 이런
여러분의 물음에 답을 드리고자 만들었지요. 그리고 2016년 '전국귀농운동본
부 20주년'에 맞춰서 10년 만에 개정판을 내게 되어 뜻깊기도 하고요.

귀농은 거주지의 이전만을 의미하지 않습니다. 거주지만을 옮기는 거라면 '이사간다'고 하지 굳이 '귀농한다'라는 말을 쓰지는 않겠지요. 귀농은 삶이 바뀌는 인생의 커다란 전환입니다.

이 책이 귀농의 정확한 매뉴얼은 되지 못한다 하더라도 여러분들이 가고자 하는 길에 작은 이정표 같은 역할을 할 수 있었으면 좋겠어요. 그야말로 '길잡이'가 되기를 바랍니다. 귀농해서 살아야 할 집과 농사지을 땅은 어떻게 구해야 하는지부터 시작해서 자급과 자립을 위해서 농사는 어떻게 짓고 또 생산된 농산물을 어떻게 팔아야 하는지, 그리고 마을 사람들과 관계를 어떻게 맺어가야 하는지 등 우리가 마을에 잘 정착하고 지역사회에 기여할 수 있는 길은 무엇인지 사례 별로 잘 정리해 놓았어요.

행복은 소유의 넉넉함에 있지 않지요. 물질주의적 가치관에서 생태적 가치관으로의 전환이 바로 귀농이잖아요? 그래서 귀농운동본부에서는 '생태적 자립'을 강조하고 있는 거고요.

우리가 귀농을 고민하는 중에, 그리고 귀농한 이후의 과정 속에서 잊지 말아야 하는 것은 '나는 왜 귀농하는가?'입니다. 지금 우리는 물질중심주의를 벗어나고자, 비교하고 경쟁하는 궤도에서 이탈하고자, 돈으로 모든 것을 재단하는 삶에서 보다 인간다운 삶을 찾아가고자 귀농을 결심한 거잖아요. 주위 환경이나 조건 그리고 주변의 강요에 의해서 선택되고 결정되는 기계적인 삶이 아니라, 우리 자신의 행복을 위해서 스스로 선택하고 그 행복의 길을 스스로 걸어가기 위해서 이 길에 들어섰잖아요.

그런데 살다 보면 도시에서 살았던 삶의 패턴들이 다시 내 삶에서 나타나기 시작하고, 일상의 삶에서 다시 예전 도시에서 살던 그때의 기준처럼 선택의 기준들이 되돌아가는 것을 경험하게 되지요. 이럴 때 나는 왜 귀농하려고 했는가를 떠올려서 다시 첫 마음을 회복해야지요. 그래야 우리의 육신만 농촌에 있는 것이 아니라 마음까지 포함한 우리 몸 전체가 이곳 농촌에 있어 우리 스스로가 행복을 선택하고 그 길을 걸어갈 수 있는 힘을 다시 갖게 되겠지요.

그런 의미에서 이 책은 귀농을 꿈꾸는 사람들뿐 아니라 귀농해서 어려움에 봉착하게 되는 초기 귀농자에게 참으로 의미 있는 길잡이가 되리라 생각합니다. 그리고 귀농의 길을 걸어가는 동안 내내 동반자가 되어 줄 거고요.

보다 행복한 삶을 위해서, 보다 인간다운 삶을 살아가기 위해서 귀농을 고민하고 선택한 여러분 모두에게 이 책을 권합니다.

1부 귀농의 문턱 넘기

농촌에 정착하기 위해서 넘어야 할 문턱 가운데 가장 핵심적인 것은 네 가지라고 봅니다.
집과 땅, 농사 기술, 판로, 이웃이 바로 그것입니다. 귀농해서 농사지으며 소농으로 자립하기
위해 길을 찾아가는 여러 선배들, 또 자신의 전문성을 농촌에서 필요하고 해야 할 일로 펼쳐가는
이들에게 그 문턱을 조금 쉽게 넘어갈 방법은 없는지, 조언을 구했습니다.
내게 딱 들어맞는 정답은 없습니다. 그러나 이들의 경험담에서 우러나온 작은 조언들을 통해
힌트를 얻고 내게 맞는 정답을 찾아가시길 바랍니다. 맨땅에 헤딩하는 듯한, 막막함이라도
덜어낼 수 있다면 첫발을 내딛기 훨씬 수월할 것입니다.

첫 번째 문턱, 집과 땅

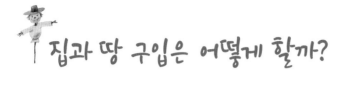

집과 땅 구입은 어떻게 할까?

류지수 | 오디 나무 보살피기, 수수·율무 농사, 마르쉐에서 수수와플 구워 팔기, 생태뒷간 강의 다니기, 부동산 상담해 주기, 남성 합창단에서 노래하기…. 자신이 하고 싶은 농사, 자신이 원하는 삶을 찾기 위해 제천 붉으실 마을에서 새로운 시도들을 하면서 세 해째 적응해 가고 있다.

나는 공인중개사 일을 하다가 아내가 먼저 귀농을 결심하면서 귀농 교육을 받기 시작했다. 2011년에 전국귀농운동본부의 여름 생태귀농학교를 다니고 다음 해에 소농학교 교육을 받는데 농사가 재미있었다. 소농학교를 다니면서, 하던 일을 그만두고 본격적으로 귀농 준비를 시작했고 2014년 초 충북 제천으로 귀농했다.

기본적으로 농사지을 땅이 있고 도움을 주고받을 사람이 있는 곳이면 어디든 괜찮다는 생각으로 귀농지를 찾았다. 누구나 본인이 땅을 선택할 때는 자기에게 맞는 원칙이 필요한데, 먼저 명확히 해둬야 할 것이 있다. 나 같은 경우는 땅을 살 생각이 없었는데 제천에 10년 임대를 할 수 있는 땅이 있다고 해서 계약했다. 곳곳에 찾아보면 어르신들이 점점 농사를 짓기 힘들어서 땅을 임대해 주는 경우가 많다. 과수 농사를 할 생각이었기 때문에 장기로 임대할 수 있어야 했고, 소농학교 동기가 먼저 정착해 있어서 서로 도움을 주고받을 사람도 있어서 이곳을 선택했다.

밭을 임대하고도 빈집이 없어서 한 달 정도는 5km 거리에 있는 곳에서 월세를 구해 살았다. 날마다 밭으로 출퇴근하면서 마을 어른들께 인사도 드리고 크고 작은 일도 도와드리면서 빈집을 소개받았다. 그래서 집을 아주 싼값에 지상권만 샀다. 시골에는 땅 주인과 집 주인이 다른 경우가 많은데 이 집이 바로 그랬고, 집을 사는 데 큰돈을 쓰거나 당장 집을 지을 생각이 없었기 때문에 수리해서 살 만한 집이라는 판단이 들어서 집만(지상권) 산 것이다. 나중에 알고 보니 마을 분들이 내가 어떤 사람인지 지켜보셨단다. 시골에서는 외지에서 사람이 들어오면 아무래도 처음에는 경계하는 경향이 있다. 어떤 사람인지 모르니 빈집이 있어도 선뜻 소개를 해주지 않는 것이다.

귀농 전에 시골집 수리하는 교육을 받았기에 직접 수리하기로 했다. 물론 혼자서라면 힘들었을 텐데, 소농학교 동기생들과 여러 지인의 도움으로 단열공사를 하고 생태화장실, 욕실을 들이고, 부엌을 손보았다.

10년 임대한 1,500평 밭에는 뽕나무를 심었다. 오디는 과수에 비해 손이 덜 가는 작물이다. 사과나 복숭아는 수입은 좀 더 안정적이지만 1년 내내 손이 많이 간다. 아내도 일을 힘들어하고 나도 다른 일로 많이 바빠서 아무래도 손이 덜 가는 작물을 선택하는 게 좋겠다고 생각했다.

오디로 작물을 일단 대략적으로 선정한 다음에 실제 그 농사를 짓는 사람들을 찾아가서 일도 도우면서 여러 가지 체험을 해보았다. 처음에는 일을 배우면서도 무슨 말인지 못 알아듣는 경우가 많았고, 농사를 지어 본 적이 없었기 때문에 일도 굉장히 어려웠다. 그래도 이렇게 다른 사람의 일을 도우면서 직·간접적으로 체험해 보고, 내 밭의 설계를 하거나 앞으로의 판로를 구상하는 시간이 필요하다고 생각한다. 출하 방법을 모르면 밭 설계도 제대로 하지 못한다. 출하 때 이동은 어떻게 할 것이며 보관은 어떻게 할지, 이런 구상이 중요하다. 과수나무나 시설이 들어가면 적어도 10년 정도는 유지할 생각으로 시작해야 하는데 밭 설계를 한 번 잘못하면 해마다 힘들 게 아닌가. 이렇게 나름대로 준비를 했지만 막상 밭을 임대하고 내 농사를 시작하니 더 어렵고 막막했다.

집과 땅은 천천히

내가 땅과 집을 구한 이야기는 여기까지 하고 귀농지를 알아보러 다니는 사람들에게 실제로 도움이 될 만한 이야기를 조금 더 해볼까 한다. 전직이 공인중개사였던 덕분에 귀농운동본부에서 부동산 관련 강의를 한 적이 있는데 그때 했던 이야기를 정리해 본다. 사람들이 '귀농' 하면 집과 땅을 먼저 떠올리는 게 사실이다. 그러나 아무 연고도 없는 시골에서 땅과 집을 구하는 일은 도시에서처럼 간단하지 않다. 돈 말고도 많은 노력과 인맥, 거기에 운도 필요하다.

아무래도 남의 땅은 불안정해서 처음부터 자기 땅을 사서 귀농하겠다는 경우가 많이 있는데 나는 바로 땅을 사는 건 말리고 싶다. 집과 농지를 먼저 구입하면 몇 가지 문제가 발생할 가능성이 높다.

첫째, 보통 귀농하면서 집과 농지를 먼저 구입하려는 이유가 토지 가격 상승을 걱정하기 때문인데 누구라도 낯선 이들이 토지를 구입하려고 하면 시세보다 높은 가격을 제시하기 마련이다. 부동산 가격은 계속 오르니 하루라도 빨리 구입해야 할 것 같지만 낯선 곳에서 좋은 가격에 구하기란 힘든 일이다. 시골에선 매물이 공개적으로 드러나는 일이 드물고 공개적으로 드러난 매물은 높은 가격이 형성되거나 동네 사람들이 꺼려하는 물건일 때가 많다. 심지어 어떤 땅은 동네 분이 미리 점찍어 놓고 있기 때문에 소유자가 매도 의사를 밝히면 즉시 매매되기도 한다. 충분히 시간을 가지고 그 지역 사람들과 친분을 쌓아 가면 현지 가격으로 토지를 구매할 수 있는 기회가 많아진다. 또한 부동산이라는 것이 덩치가 큰 재산이므로 특별한 사정이 생겨 급하게 처분해야 할 경우가 생길 수도 있다.

둘째, 귀농 후에 그 지역에 자리 잡기가 쉽지 않은 만큼 혹시 다른 지역으로 옮기거나 다시 도시로 돌아가려고 할 때 집이나 땅을 처분하기가 쉽지 않다.

셋째, 농촌 지역의 대지나 농지는 택지 조성된 도시와 달리 여러 가지 조

건을 따져 봐야 하는데 짧은 시간에 그 땅의 특성이나 조건을 파악하기란 어렵다. 우리 동네 분들은 '살이 좋다'는 말씀을 하시는데 '땅심이 좋다'는 말씀이다. 어떤 땅은 가뭄이 잘 든다거나 바람을 많이 탄다거나 서향이라 오후 햇살이 좋다는 등 그 땅마다 나름의 특성을 가지고 있다. 이런 특성들은 최소한 1년 정도 시간을 두고 지켜봐야 알 수 있고 혹은 그 이상 오랜 기간을 지켜봐야 알 수 있다. 동네 분들은 오랜 기간 그 땅에서 농사를 짓거나 품을 팔아 지켜보셨기 때문에 그 땅의 특성을 몸으로 알고 계신다. 그분들의 말씀을 들을 수 있으려면 그 동네 사람이 되어야만 가능한 것이다.

그럼에도 귀농 전이나 귀농과 동시에 땅을 구입해야 하는 분들은 가능하면 지인들을 통해 천천히 알아보면 좋겠다. 나는 귀농 선배님들을 찾아다닐 때 장화 신고 장갑 끼고 차에서 내렸다. 복부인처럼 땅 알아보러 여기저기 다니는 것보다 그냥 일 도와주러 온 사람으로 가서, 조용히 마을 사정을 알아보는 것도 방법이다. 또한 귀농 선배들에게 손님이 아니라 일꾼으로 방문하면 다음 방문이 좀 더 용이하다. 누구라도 손님 치르는 일이 썩 유쾌한 일은 아니니까 말이다.

계약서 쓰기 전에

마음에 드는 집이나 땅이 나왔다면 계약서를 쓰기 전에 확인할 것이 있다. 먼저 '공부'를 열람해야 한다. 공부란 관공서가 법령에 따라 작성, 비치하는 모든 장부를 말한다. 등기부등본(토지등기부, 건물등기부), 토지이용계획확인원, 건축물대장, 토지대장, 지적도, 임야대장, 임야도 등이 있다.

시골에서 부동산을 구입할 때는 현황 도로와 더불어 지적도에서 도로가 있는지 확인하는 게 중요하다. 지적도에 도로가 있어야 그 땅에 건축물을 지을 때 허가를 받을 수 있기 때문이다. 농지의 경우에도 도로 확인이 꼭 필요하다. 진입로가 없는 맹지는 나중에 문제를 일으킬 수 있다.

공부에 무허가 건축물이거나 문제가 있는 건물은 반드시 매도자에게 해당 건축물의 처리에 대한 방안을 확약 받거나 그 지역의 읍·면사무소, 건축사 사무소나 법무사 사무실에 문의해서 도움을 받아야 한다. 각 지자체마다 법령의 적용이 달라서 다른 지역에서 알아보면 해결책이 다를 수 있기 때문에 꼭 그 지역에서 해야 한다.

돌아가신 부모님 명의로 된 집과 땅을 자식들이 파는 경우에는 매매 이전에 상속 정리와 매도자 명의로 등기 후 이전등기를 해야 한다. 등기상에 미흡한 것은 매도인이 처리할지, 그렇지 않을지 계약서에 특약으로 넣는다. 요즘 시골 집은 이런 경우가 늘고 있는데, 주변 지인 중에도 이런 집을 사려다가 중도에 포기한 적이 있다. 매도자의 형제자매 중 한 명이 상속권을 넘기지 않아, 매도자 명의로 등기이전이 안 되었기 때문이다.

공부 상에서 확인할 것은 이 정도이고, 그 밖에 잘 살펴할 할 것이 더 있다. 주변 환경을 살펴야 하고 낡은 건물인 경우에는 수리 가능 여부를 비롯하여 지붕이 슬레이트인지 아닌지 확인해야 한다. 슬레이트는 폐기 절차가

까다롭고 비용이 많이 든다. 내가 원하는 난방 형태로 전환 가능한지도 확인해야 한다.

일반적으로 귀농자들은 농산물 직거래 등을 위한 인터넷 활용도가 높기 때문에 통신선이 어디까지 설치되어 있는지 확인해야 한다. 만약 설치가 안 돼 있으면 집까지 통신선을 끌어오기 위한 통신전주 설치에 필요한 토지사용승낙서를 받아야 할 경우도 있다.

식수는 마을 수도인지 시·군 상수도인지 지하수인지 확인해야 하며 지역에 따라서 지하수는 음용이 불가한 경우도 있다.

농지는 농로, 방향, 주변작물, 경사도, 농업용수, 배수로, 농업용 전기 등 농사에 필요한 것이 잘 갖춰졌는지 살펴야 한다. 특히 들어오는 물과 나가는 물이 어떤지 잘 확인해야 한다.

전셋집의 경우에는 주택에 딸린 나무, 시설, 텃밭의 관리 주체와 관리 방법을 자세히 설명 들어야 하고 수리 가능 여부, 원상회복 여부, 전세 기간 만료 시 수리 비용 부담자 등을 협의하고, 이사 후에 읍·면사무소에서 확정 일자를 받아야 한다. 지상권만 있는 주택의 경우에는 도지 부담 여부도 확인해야 한다.

부동산의 중개는 공인중개사를 통해야 하지만 시골에서는 당사자 사이의 거래가 일반적이다. 이때 귀농자가 직접 매도자와 협의하는 것보다 믿을 만한 동네 분을 통하여 진행하는 것이 훨씬 효율적이다.

체크리스트

주택

건물등기부 – 소유자 인적 사항, 각종 권리 관계

건축물대장 – 무허가 건물, 건물 현황과 대조

현장 확인 – 도로, 주변 환경(이웃, 축사, 송전탑, 소형 쓰레기장·소각장, 마을
회관)

건물 상태 – 골조 상태, 지붕, 벽면(수리 가능 여부, 수리 비용), 슬레이트(처
리 절차와 비용), 누수, 단열, 난방방식, 창, 문

점유자 – 소유자, 임차인, 불법 점유자

전기, 수도, 오수처리 시설(정화조), 통신선

토지

토지등기부 – 소유자 인적 사항, 각종 권리 관계

토지대장, 임야대장 – 지목, 면적

토지이용계획확인원 – 농지전용 가능 여부, 건축 가능 건축물, 건폐율,
용적률

지적도, 임야도 – 경계, 도로

현장 확인 – 농로, 방향, 주변 작물, 경사도, 농업용수, 배수로, 농업용
전기, 토목공사 비용

전세

지상권 – 도지 부담 여부

주택에 딸린 각종 나무, 시설, 텃밭 관리 주체와 관리 요령

수리 가능 범위, 원상회복 여부, 전세 만료 시 수리 부분 비용 부담자

확정일자

사례 1

경북 청송 김진강, 백봉영(귀농 8년 차)

구입 농지는 3,000평(과수 1,500평, 밭 1,500평)이고, 국가임대 3,900평 (논 1,500평, 밭 2,400평), 개인임대 500평(밭)이다. 대부분 마을 분들 소개로 구입했다. 한 해 농사가 끝날 즈음이면 매매하거나 임대할 농지에 대한 소식을 들을 수 있다.

섣불리 구입하려다가 마을 시세보다 비싸게 주고 산 땅도 있지만, 구입한 농지에 대해서는 가격대비로 치면 대체적으로 만족스럽다. 일부 농지는 흙이 좋고 기름지다. 요즘은 시세가 많이 높아져 비싸졌는데, 구입할 당시에는 저렴한 편이었다. 국가소유의 땅은 세금이 적다. 그러나 국가임대는 홍수조절 용지로 큰 비가 내릴 경우 경작이 어렵다. 구입한 땅의 일부는 저렴한 반면 경사가 있어서 기계 사용이 조금 힘들고, 묵은 땅이어서 그 잔재를 정리하는 시간이 많이 걸렸으며, 과수원의 경우 나무가 좋지 않았다.

농지의 가격이 저렴하다는 것은 몇 가지 이유가 있다. 거리가 멀거나, 흙이 좋지 않거나, 경사가 있거나, 반듯하지 않거나, 진입로가 좋지 않거나, 물길이 좋지 않은 땅인데 직접 눈으로 확인하는 것이 좋다. 귀농자의 경우는 초반에 힘들더라도 저렴한 땅을 구해 내 손으로 좋은 흙, 좋은 밭으로 만드는 과정을 거치면 훌륭한 공부가 될 수도 있다.

귀농자라고 하면 땅 소개가 많이 들어오는 편이다. 왜냐하면 땅을 구하고자 하고, 외지인이기 때문에 더 좋은 값을 쳐주지 않을까 하는 기대감을 갖고 있는 것 같다. 그러나 자칫 마을 시세보다 높은 가격으로 땅을 구입할 수 있으므로 조심해야 한다. 친한 이웃이 있다면 꼭 조언을 듣기 바란다.

대신 작은 땅이라도 빌려 1년 동안 성실하게 농사지으면, 한 해 두 해 지나면서부터 농지 소개가 자연스레 들어온다. 하지만 땅 소개에는 순서가 있다. 이미 임대해서 경작하고 있는 분이 있거나 마을에 사는 친지들, 친한 분이 있으면 먼저 소개가 가고 그 다음이 귀농자이다. 그러니 처음부터 좋은 땅이 나한테 덜컥 오리라는 기대는 하지 않는 것이 좋다. 애초에 거금을 준다면 모를까.

그리고 성실한 모습을 보여줘야 한다. 아무리 돈이 많아도 사람의 인심을 얻지 못하면 도움주고 싶지 않은 게 본래 마음이다. 부지런하게 농사짓고 마을 행사에도 참여하고 마을 분들과 잘 어울려야 한다. 땅을 팔아도 본래 주인은 그 땅에 대한 애착이 남아 있기 때문에 내가 열심히 경작한 땅을 부지런하고 성실한 사람이 경작해 주기를 바라는 마음을 갖고 있다.

마지막으로 운이 좋아야 한다. 천운!

사례❷
충남 홍성 금창영(귀농 9년 차)

귀농 4년 차가 되던 해 경지정리된 논 910평을 샀습니다. 이것을 한 구간이라고 이야기합니다. 한 평에 7만 2,000원을 주었으니 총 6,500만 원 정도 됩니다. 그리고 이외 3,500평 정도를 도지 얻어 농사짓고 있습니다. 땅 소개는 주변 귀농 선배가 하셨습니다.

지역에선 논이 3~4만 원 정도 할 때 사야 수지가 맞는다는 이야기를 합니다. 예전에는 그 정도 가격이었을 때가 있겠지요. 저는 이러한 사실이 중요하다고 생각하지 않습니다. 첫해, 새로 산 논에서 대략 150만 원 정도 벌었으니 그냥 논 구입 비용을 은행에 넣어두는 것보다 수익이 적었습니다. 그냥 논에 있는 것이 즐거운데, 그 논에서 얻는 수익이 15만 원이면 어떻고 150만 원이면 어떻습니까? 그리고 논농사 지어 적자 보는 경우도 있다는데, 저희는 그래도 남았으니 얼마나 좋습니까?

논을 살 때 저는 농수산식품부에서 시행하는 사업인 '귀농·귀어 농어업 창업 및 주택구입 지원사업'을 통해 융자를 받았습니다. 이런 지원사업을 통해 농지를 구입하실 분이 있을지 몰라 자세하게 적어보겠습니다.

당시 이 사업은 최대 2억까지 3% 이자에 5년 거치 10년 분할상환이라는 좋은 조건을 가지고 있었습니다. 또한 농지 구입도 가능했습니다. 처음 이 사업에 대한 공문을 읽고 면사무소 담당 공무원에게 물어보니 신청이 가능하다고 해서 우선 우리가 가진 돈으로 논의 계약금을 치렀습니다.

처음 면사무소에 신청할 때 이런저런 서류를 요구합니다. 그리고 얼마를 대출할 거냐는 부분이 있는데, 담당 공무원은 대출 조건이 좋으니 6,500만 원을 모두 신청하라고 하더군요. 가능하냐고 물으니 상관없다고 했습니다. 그렇게 서류를 만들어서 면에 있는 농협에 제출했습니다. 대출을 심사하고 대출해 주는 기관은 농협입니다. 문제는 여기서부터 시작됐습니다. 농협에서는 공시지가를 따지고, 그것에 일정한 비율(70%)까지만 대출해 줄 수 있다고 했습니다. 대략 2,100만 원 정도가 된다고 하더군요. 담보물이 많으면 2억까지 대출이 되지만 그렇지 않으면 불가능한 것이고, 결국 3% 이자에 5년 거치 10년 분할상환이라는 혜택이 전부였습니다.

　결국 아내가 나섰습니다. 농협 대출 직원과 아내 사이에 어떤 거래가 이루어졌는지는 모릅니다. 하지만 결국 공시지가를 기준으로 하지 않고 감정가를 기준으로 하여 대출을 받고, 마이너스통장을 하나 만드는 것으로 나머지 잔금을 치를 수 있었습니다.

　그렇게 농지를 사고 난 다음 마을에 온통 소문이 났습니다. 그런데 조금 안타까운 일이 생겼습니다. 동네 젊은 후배가 제 소문을 듣고 자기도 땅을 사겠다고 농협에 갔나 봅니다. 결국 그러한 혜택이 귀농자에게만 있고 기존 지역민에겐 없다는 이야기를 들었을 겁니다. 그 후배도 많이 속상했을 테지만 저도 많이 속상했습니다.

사례❸
한대구(귀농 준비 중)

저는 귀농운동본부의 소농학교를 다니면서 귀농을 준비하다가 잠시 향토문화조사단에서 일한 적이 있습니다. 경북 상주 지역에서 빈집 조사, 귀농인 인터뷰, 향토문화 자료 조사 등을 했습니다. 제가 귀농에 관심이 많기도 했지만 만나는 분들이 모두 연관이 있다 보니 집과 땅에 관한 이런 저런 이야기들을 많이 들었습니다.

그런데 마침 소농학교 동기 중에 경매로 나온 시골 땅을 구해 보려고 찾고 있다는 이야기를 들었습니다. 가진 돈은 적고, 땅값이 워낙 올라서 어떻게 하면 좀 싸게 살 수 있을까 고민하다가 이른 결론이었겠지요. 저는 조사를 다니며 만난 어느 마을 이장님 얘기가 떠올라서 동기를 말렸습니다.

시골에서는 도시와 달리 옆집 숟가락 하나까지 속속들이 다 알고 지내기 마련이랍니다. 누구네가 피치 못할 사정으로 땅이 경매로 넘어가서 안타까워하고 있는데, 어느 날 외지인이 그 땅을 사서 들어오면 기회주의자로 낙인찍어 버리는 것입니다. 특히 그 땅 주인이 평판이 좋은 사람이라면 귀농자는 더 미운털이 박힐 수밖에요. 이럴 경우 그 마을에 정착할 수 없을 정도로 배타적으로 대한다고 합니다.

적어도 경매로 나온 농지를 구입할 때는 마을에 오래 사신 분들과 친분을 맺은 후에 그분들의 도움으로 일을 진행해 달라고 이장님은 당부했습니다. 어느 날 불쑥 낯선 사람이 마을에 들어와 땅이나 빈집이 있는지 물어보면 마을 사람들은 정확한 정보를 주지 않는다고 합니다. 친구든 친척이든 시골에 아는 사람이 있으면 소개를 받고, 정 관계의 고리가 없다면 마을의 이장님이라도 먼저 찾아가서 인사를 트고, 도움을 청해 보라고 했습니다.

제 얘기를 듣고 소농학교 동기도 경매로는 농지를 구입하지 않기로 했습니다. 안 그래도 귀농해서 마을 사람으로 받아들여지기가 힘든데, 첫 단추부터 잘못 꿰고 들어갈 수는 없다고 생각했기 때문이죠.

사례 4
경기도 고양시 이근이(도시농부)

도시농부에게 농지 구입은 매우 어렵다. 도시 근교의 땅값은 대부분 개발 기대로 인해 천장부지로 올라 있기 때문이다. 나는 처음부터 농지 구입을 염두에 두지 않았다. 10여 년 전에 우연히 알게 된 분으로부터 임시로 땅을 무상 임대해서 6곳을 도시농부들이 함께 모여 '소생 공동체'의 형태로 농사지었다. 임대료 한 푼 없이 말이다. 대신 수확한 작물을 일부분 지주들에게 선물로 보내 주긴 했지만. 그 땅들은 대부분 개발에서 비껴갔거나, 나대지 혹은 수년 후에나 집을 지으려고 지주들이 구입해 놓은 것이었다.

그런데 2010년 말에 지인의 소개로 만난 분이 4,000평 정도의 땅에서 농사를 지어 볼 생각이 없느냐고 제안해서 선뜻 승낙을 했다. 그 땅 또한 개발제한구역에 묶여 다른 용도로 사용이 불가능하고, 판다고 해도 제값을 받지 못하는 농지였다. 4천여 평이면 임대료가 꽤 비쌀 거라 생각했지만, 지주(대안교육 이사장)의 마인드가 생태농업을 지향하는 사람들에게 열려 있었기에 저렴하게 임대할 수 있었다(임대료는 대략 평당 2,000원 선).

지주가 농지은행에 평당 가격을 제시하고 난 후, 위탁을 하면 나는 직접 지주와 계약을 하는 것이 아니라 농지은행과 계약을 했다. 계약 기간은 5년, 임대료는 매년 지불하기로 했다.

농지 임대 시 최소한 천 평 이상을 임대해야만 농지원부(농민 자격증 성격)를 받을 수 있다. 농지원부가 있으면 농업기술센터나 농협(조합원 가입이 필요함) 등에서 다양한 지원을 받을 수 있다. 자녀 학자금 지원과 각종 농자재 구입 시 할인 혜택이 주어진다. 그리고 저금리(3% 수준)에서 융자도 받을 수 있다. 세부 지원사항은 지역 농업기술센터나 농협을 방문해 확인해 보면 된다. 꼼꼼히 살펴 농부의 권리를 꼭 찾아보면 좋을 듯하다.

생태적인 삶을 교육하는 농사공동체로 이곳, 우보농장을 운영하면서 다양한 기반시설이 필요했다. 어쨌든 법적으로 5년이란 기간 동안 도시농업과 농사에 필요한 여러 가지 제반 시설들을 안정적으로 마련할 수 있다는 점에서 농지은행을 통한 정식 임대는 잘한 일이었다. 교육장을 위한 하우스 2동과 정자, 생태뒷간, 저장 시설, 농자재 보관소, 원두막 등을 설치했다. 농사를 안정적으로 짓고, 도시농부 농사공동체를 운영하려면 필수적인 것들이다. 대부분 임시로 빌려 쓰는 땅에서는 이런 시설을 설치할 엄두를 내지 못한다.

작년에는 같은 조건으로 계약을 3년 연장했는데, 앞쪽에 잔디를 키우고 있던 1천여 평 땅까지 얻을 수 있었다. 그곳에 논을 만들어서 토종벼를 손모로 냈다. 그동안 우보농장은 자립적인 삶과 생태적 가치를 교육하고 실천하는 도시농부들의 공동체농장이라는 모토로 다양한 시도들을 해왔다. 개발 제한에 묶여 다른 용도를 쓸 수 없는 땅인데, 우리가 의미 있게 활용하니 계약 연장은 자연스럽게 이루어졌다.

풍신난 농부들 cafe.naver.com/daejari

사례5
상주 박종관, 김현남(귀농 19년 차)

포도밭 3,000평 구입, 이웃 분의 논 700평 임대해서 농사짓고 있다. 귀농해서부터 포도밭을 임대해서 농사지었는데, 한 곳에서 몇 년 이상 농사짓기가 힘들었다. 2006년, 귀농 8년 만에 포도밭을 구입했는데, 내 땅이 생긴 후 '정착'이란 느낌이 처음 들었다. 외형적인 성장은 자기 땅을 사고 나서부터인 것 같다.

나는 농어촌공사에서 '과원영농규모화 사업'을 통해 연 2%의 저리융자, 30년 분할상환의 조건으로 융자를 해준다는 걸 알고 매매로 나온 포도밭을 찾아보기 시작했다. 당시 그것은 정부에서 하는 가장 조건이 좋은 융자였고, 귀농 2년 이상에 과수 농지원부가 있으면 자격이 주어졌다. 융자를 받은 데는 어려움이 없었는데, 계약을 무사히 마치고 내 소유 땅을 갖기까지 그 과정이 순조롭지만은 않았다. 내 형편에 맞추려니 여러 군데에서 말이 오가다 말았고 한번은 정말 마음에 드는 포도밭을 발견했는데, 계약서에 도장 찍기 전 뒤틀어져서 몸살을 앓기도 했다. 내가 아프기까지 했다는 얘기를 듣고 그분이 미안해서 지금의 포도밭을 소개해 주셨다.

땅이란 100% 만족되지 않는다. 인연을 만나는 것이라고밖에. 내 땅이라고 여기고 집 짓고 자리를 잡으니 더할 나위 없이 좋은 땅이 되었다. 결혼과 같다.

사례6
전남 강진 임종구, 문종임(귀농 8년 차)

논농사 1만여 평을 짓는데, 모두 임대이다. 우리 마을은 평균 연령이 75세로, 50대인 내가 가장 젊었다. 내가 오기 전까지 마을에서 가장 젊어서 농사를 제일 많이 짓고 있던 분이 나더러 지으라고 땅을 내주었다. 그분 역시 연로하신 분들의 땅을 많이 얻어서 힘에 부치던 차였다.

동네 어르신들은 번거롭다고 계약서는 쓰지 않으셨다. 귀농 첫해에는 구두로 임대해서 지었는데, 농지원부를 받으려니 계약서가 필요해서 이듬해부터 임대계약서를 썼다. 그러다 3년째에 땅 760평을 구입했다. 아는 사람이 계약한 땅이었는데, 마지막에 안 사겠다고 포기하는 바람에 중간에서 소개한 내가 어쩔 수 없이 사게 됐다. 갑자기 목돈이 필요해서 키우던 소 3마리를 팔았다. 퇴비를 만들어 쓰려고 소를 키웠는데, 사료 안 먹이고 풀을 베 먹이느라 힘이 들어서 퇴비는 다른 방법을 찾아보기로 했다. 소값이 오르지 않아서 송아지 살 때 값이랑 똑같았다. 소를 다 팔아도 땅값을 대기가 부족해서 융자를 받아야 했다.

강진군에서는 귀농인에 한한 정책 자금 지원이 있었는데 농업기술센터에서 농업인인 것을 증명하는 추천서를 받아가면 농협에서 연이율 1.5%로 융자를 해주었다. 강진군에서는 땅 규모와 상관없고, 차후 추가 구입에서도 융자가 가능하다고 했다.

강진은 농지정리가 잘돼 있고, 임대 논이 자꾸 늘어나면서 기계 없이 농사짓기가 힘들어져서 근처로 귀농한 사람과 같이 중고 콤바인을 한 대 구입했다. 콤바인 품앗이인 셈이다. 농어촌공사에 쌀 전업농 신청도 했다. 40세 이상은 농지 2ha(40세 미만 1.5ha), 영농 경력 3년 이상일 때 자격이 주어지는데, 전업농으로 선정되면 농지 구입 때 저리융자를 받을 수 있고 농지은행을 통한 임대를 지원해 준다.

나는 농지를 구입하려는 사람들에게 절대 서두르지 말라고 얘기하고 싶다. 한두 해 살아보면서 사도 늦지 않다. 그 동네에서 연고도 없는 사람이 땅을 사려고 하면 1순위 처분 대상의 땅부터 소개한다. 뭘 심어도 안 되는 땅이고, 축사를 지을 수도 없는 수렁 땅도 있다. 가장 안 좋은 땅부터 팔아치우려는 것이다. 내가 귀농해서 살아보니 때로는 귀농할 후배들보다 동네 사람 편을 들어야 할 경우도 있다. 그래서 농지를 구입하는 일은 누구 말만 믿을 수도 없고, 신중해야 한다.

사례7
전남 곡성 박미훈 (귀농 9년 차)

2008년 우리 마을에 살던 아는 귀농자를 통해 1,100평 밭을 구입해서 집을 지었다. 그중에 농사짓는 땅은 600평이다. 논농사는 모두 1,400평인데, 600평은 구입했고, 800평은 임대이다. 논은 지자체의 귀농인정착지원사업을 통해 60%를 융자받았다. 가격은 저렴한 편이었다. 길이 없는 맹지였기 때문인데, 우리는 그걸 알고 샀다. 맹지를 구입할 때는 길 내는 비용까지 고려해야 한다. 우리도 길을 내느라 다른 사람에게 땅을 더 구입해야 했다.

주변에서 맹지로 고생하는 것을 봤다. 땅 주인인 조카를 대신해서 숙부가 구두로 길 사용을 허락했다. 그런데 집을 짓고 길을 고치면서 너무 넓혀서 괘씸죄에 걸렸다. 땅 주인이 길을 쓰지 못하게 했고, 땅을 사겠다고 해도 길이 접한 산까지 사지 않으면 팔지 않겠다고 억지를 썼다. 그럴 만한 돈이 없으니 결국 집은 무허가 건물이 됐고, 무허가 건물이다 보니 군에서 길 포장도 해줄 수 없다고 했다.

우리는 논밭이 모두 마을과 떨어져 있는 터라 농사에 대한 간섭을 안 받아서 좋다. 하지만 산 밑이라 일조량이 적은 편이다. 다랑이논, 다랑이밭이라 경사도 있고, 수확물을 옮길 때 불편한 점도 있다. 산에 접해 있어서 멧돼지 피해도 있다. 이렇게 어디든 장단점이 있게 마련이다. 사실 귀농자에게 경지정리 잘된 평지 땅이 돌아오기는 쉽지 않다. 돈을 많이 준다면야 가능하겠지만, 돈이 넉넉하지 않잖은가. 조금이라도 값싼 땅을 찾다 보면 다랑이논만 기회가 돌아온다. 너무 고르다 보면 땅을 못 산다. 우리는 많이 안 돌아보고 한 곳 보고 결정했다. 많이 보면 땅 보는 눈은 생겨서 좋은 땅을 살 수도 있다. 하지만 살 당시에는 좋지 않더라도 내가 어떻게 가꾸느냐에 따라 좋은 땅이 된다.

밭 1,100평, 논 750평을 임대해서 농사짓는다. 대전에서 살 때 다니던 교회에서 도농협력 프로그램(도시 중산층, 도시 빈민, 생산자 삼각연대)을 운영했고, 교회 소유의 땅을 임대할 수 있는 금산으로 귀농해서 생산자로서 활동을 계속하고 있다.

교회는 생태농업을 지향하기에 문제가 없다. 그러나 논 750평은 지역 주민에게 5년 계약으로 임대했는데, 논둑에 풀이 많고 논에 피라도 자라면 주인이 못마땅해서 한마디씩 툭툭 던지고 간다. 지역 주민들은 풀 자체를 못 봐주고 돈이 없어서 그러냐, 제초제를 사 주겠다고까지 한다. 농지원부 받는 것도 복잡했다. 땅 주인이 원래 농부인지, 아닌지에 따라 나이, 농지 취득 시기 등 자격제한이 있다. 우리는 땅 주인의 나이가 부족해 3년을 기다려서 농지원부를 받았다. 또 임대계약서가 있어야 농지원부를 받을 수 있는데, 지역의 어르신들은 이상하게 문서로 된 서류를 작성해 주기를 꺼린다. 끈질기게 계약서를 써 달라고 졸라서 겨우 받아낸 경우도 있다.

이 지역은 산골이라 큰 면적의 땅을 한꺼번에 빌리기가 힘들다. 군데군데 흩어져 있고 집과 거리가 먼 곳도 있다. 이런 지역에서 땅을 임대해서 농사짓는다고 하면 집에서 얼마나 먼 곳인지, 길 상태는 어떤지 잘 살폈으면 한다. 한번은 2,000평 밭을 1년에 20만 원을 주기로 하고 빌렸는데, 집에서 멀고(가까운 곳에는 땅이 없어서) 비가 오니 트럭 바퀴가 빠져서 다닐 수가 없었다. 결국 그곳에서 농사짓는 걸 포기해야 했다. 산골이다 보니 유난히 해가 늦게 들고 빨리 지는 땅이 있는데, 그런 곳은 살아봐야 알 수 있다.

우리는 또 지역의 작목반에서 네 가구가 함께 공동으로 1,500평을 임대해서 콩농사를 짓는데 메주, 된장, 간장을 만들어 판매한다. 이 땅들도 여기저기 흩어져 있는데, 땅 주인마다 달라서 임대료를 돈으로도 주고, 콩이나 메주, 된장으로도 준다.

동네목수, 생태단열을 꿈꾸다

김석균 | 흙건축연구소 살림의 대표이자 마을건축학교 교장이다. 잘나가는 건축가로 불리기보다 동네목수로 시골 어머니들 집을 '따숩게' 고칠 때 더 보람지고 재미지다. 36.5도의 사람 체온을 가진 적정기술을 건축에 적용하는 실험을 하며 '따뜻한 세상을 위한 건축'을 꿈꾼다.

또랑광대와 마을목수

예전 소리꾼들이 명창이니 국창이니 하며 높이만 높이만 오르려 하던 시절에도 마을 소리꾼은 있었다. 임방울이나 이화중선만큼 대단한 소리 공력은 아닐지언정 마을의 경사나 애사가 있을 때면 여지없이 나타나 소리를 들려주던 '지역 기반 광대', 바로 또랑광대다. 소리의 깊이나 예능의 전문성을 떠나 또랑(작은 물길)을 기반으로(마을을 기반으로) 살아가고, 마을 사람들의 삶을 모두 다 알고 있으며, 그 삶의 희로애락을 함께 나눌 줄 아는 예능인이었다. 그래서 우리 시대의 또랑광대가 되어 보자고, 나 같은 광대들 몇 명이 모여 작당을 했다.

그 후, 아직 생존해 있는 또랑광대들을 찾아다니며, 광대의 기본이 예능의 능력이 아니라 삶을 공유할 수 있는 마음이요, 이웃과 함께할 수 있는 능력이란 것을 여러 차례 확인할 수 있었다.

그럼 집을 짓는 것은 어떨까? 한옥 일을 하는 목수들을 만나 보면 열에 아홉은 '궁궐목수'에게서 배웠다거나, '절집을 짓는 목수'라고 은근히 자랑이다. 그만큼 높은 실력을 가지고 있는 목수라고 자랑하고 싶은 거다. 남대문을 짓고, 대원사를 짓고, 문화재를 수리하고, 하다 못해 재실이라도 지었단다. 그렇다면 우리 옆집은 누가 지었을까? 앞집 청웅 아재 집은 또 누가 지었단 말인가?

절과 궁궐 말고 우리가 나고 자랐던 살림집들을 지은 목수가 있을진대, 아무도 내가 우리 동네 집을 지었다고 자랑하는 목수를 만나볼 수 없는 건 참 묘한 일이다. 그런데 이렇게 동네 집들을 짓는 목수를 깔보며 표현하는 말이 있으니 '칙간목수'다. 화장실이나 짓는 목수라는 말인데, 절집 목수들이 마을목수를 우습게 여기며 부르던 말이 아직도 남아 있는 것을 보면 자기 또랑을 가지고(마을이라는 기반을 가지고) 집을 지었던 목수들이 분명히 있었다.

또 이런 말도 있다. "길 가는 나그네에게 집을 맡기랴." 쉽게 말해 내 집을 지어 달라는 것은, 건물을 맡기는 것이 아니라 우리 가족의 삶을 맡기는 것이다. 그러므로 우리 집 숟가락이 몇 개인지, 경제적 능력은 어떤지 굳이 설명하지 않아도 알아서 지어 줄 수 있는 목수가 필요하다. 결국 내 이웃이다. 살림집을 지을 만한 능력은 대단한 기술을 갖추는 것이 아니라 이웃을 생각하는 마음이다. 어려서부터 지게를 만들고, 논두렁을 다지며 흙과 나무가 익숙한 농부들은 때론 집을 짓는 목수이기도 하고 때론 달구지를 만드는 목수가 되기도 한다. 물론 봄가을엔 바지런한 농부이고.

옆집 할매네 서까래가 썩으면 알아서 나무를 준비하고, 누구네 담벼락이 허물어지면 흙과 볏짚을 가지고 벽을 치는 '다재다능, 전지전능한 맥가이버 아저씨'가 우리의 마을공동체에 있었다. 마을에 초상이 나면 누구보다 먼저 달려가고, 동네 울력이라도 있을 때면 막걸리 한잔에 구성진 들노래 가락 뽑아내는 만능 엔터테이너가 있었다. 우리에게 이런 마을목수, 이런 마을광대가 있었다! 멋지지 않은가? 참 살 만한 세상이지 않았는가?

그런데 지금 우리는 최고가 되기 위해 하늘만 쳐다보고 뛴다. 높이 높이 오르려고만 한다. 다들 바쁘다. 옆집에서 사람이 굶고 있어도 모른다. 그래서 피자를 시켜 먹고 치킨을 시켜 먹으면서도 쌀 한 되를 나눌 줄 모른다. 결국 공동체가 흔들리면서 사회 시스템이 멈춰 버린 것이다. 사회안전망이 가동될 동력을 잃어버린 것이다. 마을이 사라져 가고 있다. 시골이든 도시이든….

늘 가슴 한구석이 허전했다. 또랑광대가 되어 판에 설 때도, '칙간목수'가 되어 집을 지을 때도…. 놀이판이 들썩거리며 한바탕 신명이 판을 감아 돌아도, 집 짓는 기술이 제법 몸에 익어 가고, 내가 지은 집이 사람들 입에 오르내려도 그 허전함은 커져 가기만 했다.

건축이란 건물을 짓는 일일까? 광대란 잘 노는 놈일까? '내가 사는 지역에서 내 이웃들과 함께'라는 것이 빠져 버리면 기술만이 남는다. 차가운 기술만…. 그러나 작은 재주라도 '우리 동네에서, 이웃과 함께 나누는 기술'은 '따뜻한 기술'이 된다. 인간의 체온을 가진 기술이 된다.

농촌 건축의 현실

무주, 장수, 진안을 거처 공주의 시골집에 이사를 한 무렵이었을까? 사십 대 후반에 복둥이로 태어난 둘째가 이 집에 온 지 채 열흘도 되지 않아 병원 신세를 지고 말았다. 여느 시골집이 그렇듯 죽어라 비싼 기름을 때서 난방을 해도 엉덩이만 따뜻할 뿐 어깨가 시리고 코끝이 아렸다. 하물며 어린 놈이 얼마나 힘들었을까! 모세기관지염이었다.

	도시 지역 공동주택	농촌 지역
난방원	도시가스, 지역난방	등유, LPG, 화목
난방비	112㎡ 아파트 겨울철 한 달 난방비: 10만 3,152원	4인 가족 기준 겨울철 한 달 난방비: 약 35만 원
난방 정도	따뜻한 실내 온수 사용 충분	추운 겨울
거주 연령대	농촌 지역에 비해 연령층 낮음	도시 지역에 비해 연령층 높음

위 표를 보자. 쉽게 말해 경제적 여유가 있어 좋은 집에 사는 사람은 난방비도 적게 드는데, 형편이 여의치 못해 헌집에 사는 사람은 난방비가 훨씬 많이 들면서도 춥게 지낸다는 이야기다. 이게 바로 우리네 부모님이 살고 계시는 농촌 살림살이의 슬픈 현실이다. 추운 겨울, 낮에는 마을회관에서 보내시다 저녁이면 각자 집으로 돌아와 자식들이 보내 주는 돈을 기름값으로 쓰기 아까워 한 장의 전기장판에 몸을 뉘는 것이 우리의 엄니들이다.

농촌 지역 난방의 문제는 도시가스나 지역난방에 비해 연료값이 비싸다는 것이다. 또 오래된 주택이 많아 단열 성능이 낙후되었다. 그렇다면 이를 해결하기 위한 방법은? 첫째, '저렴한 난방연료는 없을까?'이고 둘째, '주택의 단열 성능을 높일 수는 없는가?'로 귀결된다.

첫 번째 답은 태양과 나무를 이용하는 것이다. 태양은 비용 없이 사용할 수 있는 최고의 에너지원이다. 약간의 재료를 준비하여 태양열을 집으로 끌어들이는 태양열 온풍기를 만든다면 낮 동안 집 안을 덥히는 것은 그리 어려운 일이 아니다.

또 하나, 시골에서 쉽게 구할 수 있고 익숙한 나무를 이용한 화목보일러와 구들이 다시 우리의 관심을 끌고 있다. 물론 나무를 태우는 난방이 근본적 해결책이 될 수는 없겠지만 로켓스토브처럼 적은 나무로 높은 효율을 낼 수 있는 방법을 구들이나 보일러에 응용하여 1년 땔 나무를 가지고 2년 3년을 사용한다면 이 또한 훌륭한 방법이라 할 수 있다.

둘째, 주택의 단열 성능을 높이는 것은 모든 방법에 우선해서 시행되어야 하는 중요한 일이다. 난방비를 절반으로 줄일 수 있는 방법이 바로 '단열'이다. 우리나라의 농촌 주택의 80% 이상이 20년 이상된 노후 주택이다. 바꾸어 말하면 건축법상 단열 기준이 강화된 1999년 이전에 지어진 건축물들은 거의 단열이 되지 않는다는 이야기다. 오죽하면 우리 늦둥이가 시골집에서 열흘도 되지 않아 병원 신세를 졌겠는가? 결국 소 잃고 외양간 고친다고 아이를 병원에 보내고서야 집을 고치기 시작했다. 일단 단열의 효과를 따져보자면 벽체단열(28.01%)을 하는 것이 창호를 교체(6.72%)하는 것보다도 4배 이상의 효과가 있다.

면적이 적은 집일수록 에너지 절감효과가 좋은 것으로 나타나, 농촌 주택의 경우 최소 생활공간만을 대상으로 집중적으로 단열 개수하는 것이 바람직하다. 주로 생활하는 방 한 칸이라도 제대로 단열하는 것이 훨씬 효율적인 방법이다.

동네목수의 귀환

급격한 산업화를 겪으면서 하나둘 떠나기 시작한 시골은 이제 점점 더 노후하고 있다. 사람도, 집도, 마을도…. 그나마 도시를 떠나 시골살이를 꿈꾸는 귀농·귀촌자들이 농촌으로 향하는 유일한 통로다. 하지만 시골의 집들이 문제다. 나는 공주에서 2년도 지나지 않아 순창으로 터를 옮겼는데, 순창군에 귀농귀촌지원센터가 세워지면서 귀농 희망자가 급격히 늘고 있지만 정작 살 집을 구하지 못해 귀농·귀촌을 미루는 것을 목격했다. 또한 시골의 빈집을 보게 되더라도 이 집이 살 만한 집인지, 구조적 결함이 심각한지, 집을 고친다면 무엇에 중심을 두어야 하는지를 판단할 수 있는 안목이 없고, 그런 것을 상담해 줄 전문가가 없어서 많은 돈을 들이고서도 겨울이면 춥고 불편한 집에서 사는 경우가 많았다.

내가 시골집을 고쳐 본 경험에 비추어 보면 집주인은 현지에 없는 경우가 많고, 도시와 같이 중개인도 없다 보니 외지에서 온 귀농자는 오래된 빈집 상황을 알 방법이 없다. 적어도 지붕이 새지 않고 자신의 살림살이 규모에 맞는 집을 구할 수 있다면 수리를 해볼 만하다고 본다. 집 안의 내부 수리 전에 점검하고 준비할 것이 있다. 먼저 집 주변의 풀을 제거하며 마당과 뒤안 청소를 해서 바깥 상황부터 파악해야 한다. 빗물이나 하수 같은 배수로를 점검하고 필요하다면 물길을 정비한다. 집수리에 전기와 물은 필수다. 계량기와 두꺼비집을 확인하고 상세한 점검이 필요하다면 전문가에게 연락한다. 시골집에는 상수도가 놓여 있지 않는 경우가 많다. 펌프로 지하수를 사용하는 곳이라면 요즘은 지하수가 오염된 곳이 많으니 상수도를 설치할 것을 권한다.

이제 집 안으로 들어가서 집을 말리는 작업이 필요하다. 곰팡이 핀 벽지가 있으면 제거하고 장판을 걷어낸다. 모든 문을 활짝 열어 환기시키고, 보일러를 가동시켜 집을 말린다. 이때 보일러 상태를 점검해서 교체 여부를 결정한다. 욕실 세면기, 변기, 타일을 점검하고 부엌은 싱크대를 점검해서 교체나 수리를 한다. 마지막으로 주로 생활할 공간(방, 부엌, 거실 등)의 벽과 천장을 단열한다. 앞에서도 얘기했지만 단열은 집수리의 핵심이다. 적은 비용으로 방 하나만 제대로 단열해도 시골 낡은 집에서 겨울철에 사람답게 살수 있다.

기본적인 집수리 과정을 살펴보았는데, 사실 집수리는 한 번에 모든 것이 완벽하게 고쳐지지 않는다. 한마디로 "집수리는 진행형이다." 계절의 변화에 따라 수리할 곳이 튀어나올 수 있고, 오래된 건물이기에 또 수리할 곳이 생기고, 또 살면서 자신의 필요에 따라 고칠 곳이 생긴다.

돌아보면 우리에겐 마을목수, 또는 동네목수로 불리던 지역 건축가들이 있었다. 그 지역에 살면서, 이웃들의 상황을 누구보다도 잘 알고 있으며, 그들의 형편에 맞게 집을 짓거나 고쳐 줄 기술과 따뜻한 마음이 있는 농부이자 목수였던 이들. 마을이 무너지면서 없어져 버린 귀한 사람들이다. 지금 시골에서 꼭 필요한 기술자가 바로 마을목수다.

꼭 귀농·귀촌인을 말하지 않더라도 마찬가지다. 우리의 어머니, 아버지들이 살고 계시는 마을의 낡고 추운 집들…. 낡고 누추하고 춥다고 살고 있는 집을 다 때려 부수고 새로 지을 수는 없는 일이 아닌가? 80% 가까운 집들이, 바꾸어 말하면 최근에 지은 집들을 제외하면 시골의 거의 모든 집들은 단열이 전혀 되지 않는다. 이런 집들이 다시금 우리의 삶터로 귀환하기 위해서는 약간의 지혜와 기술이 필요하다.

생태단열 건축

시골에서 생산된 농업 부산물인 왕겨, 볏짚 같은 자연 재료들을 단열재로 사용하고 흙을 마감 재료로 사용하는 생태단열 건축은 낡은 건축물에 새로운 생명을 불어넣을 수 있다. 부수고 새로 짓는 것보다 건강하게 고치는 것이 더 낫다는 것이 평소 내 지론이다. 생태단열 건축은 내재에너지(제조 과정에 투입되는 에너지)를 획기적으로 줄이고, 실내의 온·습도와 공기질을 개선하여 건강하면서 뛰어난 단열 능력을 가진 따뜻한 집을 만들 수 있다.

볏짚이나 왕겨는 일명 스티로폼(비드법 단열재) 못지않은 단열 능력을 가지고 있다. 비드법 단열재 85mm 두께의 단열 능력을 가지고 싶다면 230mm의 볏짚이나 180mm의 왕겨를 사용하면 된다. 이런 자연 재료들은 스티로폼과 달리 화재가 발생해도 유독가스를 배출하지 않는다. 다만 볏짚 압축보드는 대량생산 구조가 갖추어지지 않아 생산 단가가 높으며 왕겨의 경우 사용이 용이한 형태로 가공이 이루어지지 않아 양파 자루에 담는 등 작업하는 데 불편한 점이 있다. 그래도 왕겨는 벼를 보호하는 견고한 껍질이기에 물속에서도 3년 가까이 썩지 않는 최고의 천연 재료이다. 왕겨를 활용한 연구가 더 필요한 이유다.

단열 방법에는 내단열과 외단열이 있다. 내단열은 건물 안쪽으로 단열재를 설치하는 방법이고, 외단열은 건물 바깥쪽으로 단열재를 설치하는 방법이다. 내단열과 외단열은 난방 형태에 따라 효율이 달라진다. 겨울철에도 필요할 때만 간헐난방하거나 사용하지 않는 방은 난방하지 않는다면 내단열이 유리하다. 기름이나 가스보일러처럼 방안 온도가 떨어지면 가동되는 시스템에서 적합한 단열 방법인 것이다. 방 한 칸만 단열해도 되니 초보자가 하기에도 쉽다. 기술적으로 실수를 조금 해도 문제가 생기지 않는다. 시골집

◀ 단열할 벽체 가장자리에 전기 타카로 각목을 박고, 볏짚 보드를 붙인다.

▲ 뛰어난 생태 단열재인 볏짚 보드. 볏짚을 압축해 다다미를 엮듯이 촘촘히 짰다.

▲ 우레탄액으로 볏짚 보드가 이어진 틈은 꼼꼼히 채운다. 우레탄액이 마르면서 틈을 메운다.

▼ 볏짚 보드를 다 이어붙인 모습이다.

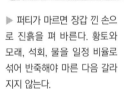

◀ 우레탄액이 다 마르면 볏짚 보드의 이음새 부분에 전기타카로 그 물망을 덮고 퍼티를 거칠게 펴 바른다. 퍼티는 흙 미장 시 잘 붙도록 해준다.

▶ 퍼티가 마르면 장갑 낀 손으로 진흙을 펴 바른다. 황토와 모래, 석회, 물을 일정 비율로 섞어 반죽해야 마른 다음 갈라지지 않는다.

▲ 플라스틱 흙손으로 흙이 높게 발린 곳을 깎아 내고 낮은 곳을 높인다. 그 다음 쇠로 된 흙손으로 면을 바르게 고른다.

◀ 평균 15일 정도면 흙 미장의 안까지 다 말라서 단열 공사가 모두 끝난다.

은 대부분 벽이 반듯하지 않고 울퉁불퉁한 곳이 많다. 이럴 때는 벽에 각목으로 촘촘히 틀을 만들어 붙이고 볏짚 보드를 작게 잘라서 끼워 넣으면 된다. 벽에 황소바람이 들어오는 틈이 있다면 아주 꼼꼼히 메워야 한다. 틈으로 냉기가 계속 들어오면 결로 현상이 생기고, 결국에는 곰팡이가 피는 원인이 되기 때문이다.

벽체 단열과 함께 천장 단열도 중요하다. 오래된 집들은 천장의 반자틀이 불안정하고 합판의 두께도 빈약하여 단열 작업에 어려움이 많다. 이럴 때는 복합 단열판을 사용하면 천장의 철거 작업 없이 바로 단열이 가능하다. 복합 단열판은 압출법 보온판이나 비드법 단열판 위에 중공층을 가진 폴리프로필렌 표면판과 부직포를 붙여 만든 복합단열재다. 습기와 물에 강해 결로를 방지할 수 있으므로 곰팡이가 피기 쉬운 곳에도 사용할 수 있다. 본드를 사용하여 부착한다.

반면에 외단열은 24시간 연속 난방하는 곳에 적용하는 것이 유리한 단열 방법이다. 화목보일러처럼 방 안의 온도에 영향을 받지 않는다면 외단열이 좋다. 외단열은 눈비에 노출되므로 단열재 바깥으로 습기에 강한 별도 마감재가 필요하고 경사진 대지이거나 3층 이상 건물일 때는 외부에 비계를 설치해야 하므로 공사비가 올라가는 단점이 있다.

다행히 왕겨나 볏짚을 이용한 생태단열 방법은 그리 어렵지 않다. 약간의 교육을 받고 훈련을 한다면 누구나 할 수 있다. 적정기술, 일명 '사람의 체온을 가진 따뜻한 기술'이다. 젊은이들이(시골에선 65세 미만이면 노인회에도 가입 못하고 청년회에 속한다.) 이런 기술을 배워서 시골에 내려온다면, 그리고 이런 사람들이 모여서 그 지역에 귀농·귀촌하는 사람들 집이나 동네 어르신들 집을 뚝딱뚝딱 고쳐 준다면 얼마나 멋진 일인가? 마을목수의 귀환이요, 지역 건축가의 부활이다.

이렇게 지역 안에서 지속가능한 건축의 전형을 만들어 내는 것은 그리 어려운 일이 아니다. 이웃과 마을에 대한 관심과 사랑, 그리고 약간의 기술이면 된다. 바로 이런 '사람의 체온을 가진 따뜻한 기술'을 가진 '동네목수'를 이 시대가 절실히 요구하고 있다.

이제 꿈꾸어 본다. 동네목수의 귀환을….

"우리 마을에 말여! 젊은놈이 하나 들어왔는디, 흙이랑 볏짚이랑 왕겨랑을 가지고 뚝딱뚝딱 집을 고치드라고. 근디 고치고 낭게 겁나게 따숩고 좋데 그랴! 젊은 것들이 동네일을 헝께 이쁘기도 허고 말여! 임자도 집 고칠라먼 우리 동네목수헌티 말혀 봐. 기왕이면 동네놈이 속깊게 고쳐 주지 않것어? 긍가 앙 긍가?"

냉난방 에너지 비용, 적정기술로 줄이기

 김성원 | 전남 장흥에서 생태건축, 적정기술, 수공예에 관심을 두고 다양한 실험과 교육 활동을 하며 살고 있다. 과거의 잡다한 기술과 기계의 미로 속에서 뒤로 걸으며 현재의 시간과 공간 속으로 다시 끄집어낼 것들을 찾아 모으는 게 취미이다. 『이웃과 함께 짓는 흙부대 집』, 『화덕의 귀환』, 『화목난로의 시대』, 『근질거리는 나의 손』 등을 펴냈다.

냉방 적정기술

긴 여름철 더위와 습기로 지난 몇 년 동안 제습기와 에어컨 사용이 급증했습니다. 많은 사람들이 원전을 없애고 지구를 구하자고 말합니다. 그러나 정작 플러그를 뽑는 사람은 드뭅니다. 하긴 덥고 습한 여름철에 누가 에어컨이나 제습기의 플러그를 쉽게 뽑을 수 있을까요? 저 역시 남쪽 바닷가 장흥의 지나친 습기 때문에 어느 해 여름 제습기를 사고 말았지만 누진세 붙은 전기세 고지서에 놀라면서 원전 건설의 주범이 바로 '나' 자신이었다는 걸 새삼 자각했습니다. 그 뒤 우리 부부는 제습기를 사용하지 않기로 마음을 군혔습니다.

그럼 이 끔찍한 더위와 습기는 어떻게 해결할까요? 대안이 필요합니다. 대안을 찾기 위해 냉방, 제습, 환기, 단열, 대류 등 생활과 관계된 과학적 상식과 관련 기술에 대한 이해가 필요합니다. 산업제품화된 기술(에어컨과 제습기)은 우리들의 생활에 필요한 기본적인 과학적 상식을 앗아가 버렸습니다. 산업사회에서 과학적 상식은 기업에 소속된 전문가의 전유물이 되었습니다. 이제는 우리 삶에 필요한 과학적 상식이 말 그대로 '상식'일 수 있도록 생활 곳곳에 필요한 생태적 '적정기술'로 회수할 필요가 있습니다.

그늘, 집 밖에 만들어라

에어컨이나 선풍기를 사용하지 않는 패시브 냉방(passive cooling) 적정기술에서는 환기, 그늘, 단열을 중요하게 생각합니다. 여기서는 경제적이고 손쉬운 방법임에도 간과해 왔던 그늘과 환기에 대해서 살펴보도록 하겠습니다.

냉방은 건물이 태양열에 뜨거워지지 않도록 그늘을 만드는 데서부터 시작해야 합니다. 대개의 경우 주택 단열은 상당한 비용이 들지만 '그늘'은 과도한 경제적 부담을 주지 않을뿐더러 기존 주택에도 적용할 수 있기 때문입니다.

창이나 문을 통해 실내로 들어오는 햇빛만 잘 막아 줘도 실내 냉방에 도움이 됩니다. 대부분 햇빛을 차단하기 위해 실내 커튼이나 블라인드를 사용하는데 사실 실내 냉방 효과가 그리 높지 않습니다. 창문 안쪽이 아니라 창문 밖에 가림막을 만들어 햇볕을 막아 그늘을 만들어 주어야 합니다. 창밖에 설치한 블라인드나 검은 방충망, 차양은 효과적인 방법이지요.

집 지붕이나 옥상을 완전히 그늘막으로 덮거나, 앞마당에 그늘막을 치거나, 뜨거운 햇빛에 집중적으로 노출되는 벽면을 차광막 그늘로 가리는 등 여러 방법으로 집을 시원하게 만들 수 있습니다. 농사용 차광막은 워낙 싸기 때문에 3만 원 정도면 웬만한 집 전체를 감쌀 수도 있습니다. 차광막을 사용할 때는 가장자리가 쉽게 풀리지 않게 보강해야 합니다. 바람에 날리지 않게 줄을 단단히 매려면 좀 더 돈이 들겠지만 현재로선 가장 저렴한 방법입니다. 가장 아름답고도 훌륭한 그늘막은 활엽수나 덩굴식물입니다. 다만 식물 그늘을 만드는 데는 오랜 시간이 필요하다는 점 잊지 마시길.

한층 더 적극적으로는 이중 지붕이나 이중 외벽이 패시브 하우스에 이용되기도 합니다. 이런 방식이 비용이 높다면 한 일본 건축가가 시도한 것처럼 일명 '썬라이트'라 불리는 저렴한 폴리카보네이트 패널을 이용해서 볕이 많이 드는 벽면 외부에 이중 외피를 만들 수도 있습니다.

환기, 더운 공기를 몰아내라

자연환기는 전통적인 냉방과 제습 방법이었습니다. 한옥에서는 서북쪽의 대나무나 그늘진 뒤뜰의 서늘한 공기를 집 안으로 끌어들이고, 뜨겁게 달궈진 마사토 깔린 앞마당의 상승기류를 이용해서 집 안의 데워진 공기와 습기를 빨아내 올리는 자연환기를 적극적으로 이용했습니다. "차갑고 무거운 공기는 아래로 내려가고, 뜨겁고 가벼워진 공기는 위로 올라간다"는 가장 기본적인 대류의 원리를 여름 생활에 활용했던 것이죠.

오랜 경험과 지혜가 깃든 한옥과 달리 시공과 관리의 편리성과 경제성, 내구성에만 초점을 맞춘 적지 않은 현대 건축물들에서 자연환기를 효과적으로 조성하기가 쉽지 않습니다. 우선 자연환기를 유도하는 구조를 이해해야 합니다.

차가운 공기는 무거워서 아래로 내려앉기 때문에 서늘한 공기가 들어오는 흡입구는 건물의 북서면 낮은 곳에 뚫려 있어야 합니다. 해가 들지 않는 곳이면 더욱 좋겠지요. 나무를 심어 그늘을 만들어 주거나 차양을 쳐서 인공 그늘을 만들면 서늘하게 냉각된 공기를 집 안으로 끌어들일 수 있습니다. 반대로 뜨거운 공기는 가벼워서 위로 올라가기 때문에 가열되기 쉬운 남동쪽 높은 곳에 배기구가 있어야 합니다.

독일의 패시브 하우스에서는 보다 적극적인 환기를 위해 태양굴뚝(solar chimney)을 설치합니다. 태양굴뚝의 전면부는 태양열을 끌어들이기 위해 투명 재질로 만듭니다. 이곳이 햇볕에 가열되면서 강력한 상승기류, 즉 굴뚝 효과가 생기면 건물 내부의 공기를 빨아들이면서 자연스럽게 환기가 일어나지요.

바람이 불어오는 방향과 창과 문, 간벽의 위치에 따라 자연환기가 원활하게 일어나기도 하고 방해 받기도 합니다. 집 안의 습기를 제거하거나 냉방을 위해서는 한쪽 방향에서 바람이 들어와 반대쪽 방향으로 나가는 횡단환기가 효과적입니다. 만약 바람이 들어오는 창의 반대쪽 문에 환기창이 없다면 횡단환기는 불가능합니다. 그럼에도 어느 정도 자연환기를 위해서는 위아래로 개폐할 수 있는 3단 창이 필요합니다. 가장 좋은 건 바람이 불어오는 창 반대쪽 문 상부에 환기창을 두면 횡단환기가 자연스럽게 일어나 집 안의 더운 공기를 외부로 몰아낼 수 있습니다.

우선 여러분에게 주택 환기지도를 가족과 함께 그려 볼 것을 제안합니다. 실내외 공기의 흐름을 대략적인 온도와 함께 표시한 공기흐름 지도와 집 건축물 외부의 공기흐름 지도를 만들어 보면 자연환기에 대해 실감할 수 있고 구체적인 대책을 마련할 수 있습니다.

자, 어떠신가요? 적정기술은 그늘과 환기의 이용처럼 생활과학을 전문가들로부터 우리 삶의 공간으로 다시 불러들이면서 시작됩니다. 에너지 위기의 시대, 생태적 전환을 위해 정보 공유를 확대하여 생활과학, 공공과학, 시민과학의 영역을 새롭게 구축해야 합니다.

겨울철 난방 적정기술

귀농하거나 귀촌한 이들 중에 적지 않은 사람들이 우선 비어 있던 농가를 빌려 사는 경우가 허다합니다. 제대로 집 짓거나 집을 사서 들어가기 전에 임시방편이지요. 임대 기간도 대개가 3~5년이고요. 사정이 이러다 보니 불편하더라도 큰돈 들여 집 고칠 엄두를 내질 못합니다. 겨울이 문제이지요. 40~50년 전에 지어진 농가는 벽체 두께가 9~12cm 정도로 얇습니다. 창이나 문이 틀어져 틈이 많고 심한 경우 나무 골조와 초벽 사이가 벌어져 칼바람이 드나듭니다. 마룻방은 난방이 되지 않는 데다 마룻바닥 틈으로 냉기가 올라오고 차갑기 이루 말할 수 없습니다. 단열이 되어 있지 않으니 한정 없이 들어가는 보일러 기름값도 벅찹니다. 그렇다고 남의 집 빌려 사는 처지에 큰돈 들여 공사를 하기도 어렵지요. 가능하면 큰돈 들이지 않고 겨울을 나기 위한 방법들 몇 가지를 소개하렵니다.

바늘구멍부터 막아라

사우스페이스 에너지연구소(Southface Energy Institute)에서 나온 건축물 열손실에 관련된 자료를 보니 틈새를 통한 냉기침투 39%, 창 23%, 지붕 15%, 벽 15%, 바닥 9%, 문 3%입니다. "바늘구멍으로 황소바람 든다."라는 말이 맞나 봅니다. 벽체에 틈이 있다면 창호지를 불린 후 찹쌀풀이나 율무

풀에 적신 다음 틈새를 메웁니다. 창이나 문틈은 접착테이프에 털이나 스펀지가 붙어 있는 문풍지로 막습니다. 자, 이제 가장 급한 문제는 해결한 셈입니다.

창 가림막을 쳐라

창과 문을 통한 열손실이 25%가 넘습니다. 창이 클수록 더 큰 문제입니다. 페어 글라스니 이중창 같은 단열창을 사용해도 한계가 있습니다. 창 주변엔 '콜드 드롭(cold drop)'이란 현상이 있는데 차가운 냉기가 흘러내립니다. 창에 가림막(커튼)을 치기만 해도 창을 통한 열손실에서 35% 정도를 줄일 수 있답니다. 우리 집에는 광목으로 만든 가림막을 창마다 쳤습니다. 더욱 효과적으로 열손실을 줄이기 위해서는 가림막의 옆단을 벽쪽으로 말아 붙이고 위쪽으로도 가림막 캡을 씌워야 합니다.

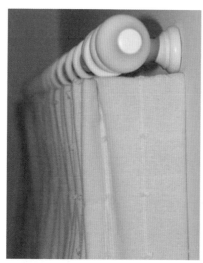

창 가림막의 옆은 벽쪽으로 말아 붙이고, 가림막 위에 가림막 캡을 씌워야 열손실을 효과적으로 줄일 수 있다.

박스종이 창문을 덧붙여라

아래 1, 2번 사례를 비교한 자료를 살펴보니 유리 이중창보다 유리창에 이중 한지창이 단열성능은 2배나 높았습니다. 그렇다고 나무틀을 짜서 이중 한지창을 당장 만들기도 부담스럽습니다. '이가 없으면 잇몸으로 씹어야' 삽니다. 하드보드지(일명 박스종이)를 칼로 오려서 창문틀을 만들고 안팎으로 양면테이프를 붙입니다. 한쪽 면은 유리 대신 한지나 싼 창호지를 붙입니다. 이렇게 만든 박스종이 창문을 두 겹으로 붙입니다. 만들기도 쉽고 부착하기도 쉽고 겨울 지나서 떼어내기도 쉽습니다. 그러나 단열효과는 2배가 됩니다.

1. 유리창(3mm)+공간(20mm)+유리창(3mm)
2. 유리창(3mm)+공간(25mm)+한지(창호지)+공간(20mm)+한지(창호지)

몇 년 전부터 창문 단열재로 '뽁뽁이'라 불리는 에어캡이 대인기를 끌고 있습니다. 본래 박스에 넣는 포장 충전재였는데 단열재로 활용한 것이지요. 워낙 값싼데 소위 가성비(가격 대비 성능)도 좋습니다. 창에 살짝 물을 뿌리고 에어캡을 잘라 붙이면 끝. 요즘은 단열 성능을 높인 창문 전용 에어캡이 따로 나오기도 합니다.

바닥 깔개를 깔아라

방바닥의 열손실만 해도 9%나 됩니다. 보일러로 온수를 돌려 바닥 난방을 하는 경우라면 바닥 단열은 더욱 중요합니다. 하지만 기존 건물의 바닥을 단열 보강하기는 쉽지 않습니다. 담요나 얇은 이불을 하나 깔아두면 같은 난방비로 2~3℃ 정도 높은 체감온도를 유지할 수 있습니다.

그물망 종이반자를 만들어라

외풍이 센 집은 대부분 중천장이 없거나 중천장 단열이 되지 않은 집입니다. 따뜻한 공기는 위로 올라가는데 단열이 되지 않으면 아무리 불을 때도 헛고생입니다. 지붕의 열손실이 15%나 된다는 점을 잊어서는 안 되겠지요. 해결책은 이중 종이반자입니다. 반자는 본래 종이로 만든 천장(또는 천장)을 말합니다. 지금은 종이보다는 합판으로 만들고 그 위에 종이를 발라서 중천장을 만듭니다. 기존의 중천장을 뜯어내고 단열을 보강한다는 게 말이 쉽지 큰 공사가 되기 쉽습니다. 이미 중천장이 있는 경우라면 중천장 밑으로 10cm 정도 간격을 두고 모기장같이 생긴 그물망이나 파이버매시(fiber mash)를 팽팽하게 펼쳐 벽면에 타카핀으로 박고 다시 쫄대를 박아 고정시킵니다. 여기에 벽지 내지나 한지에 풀을 발라 팽팽하게 도배하듯 발라서 종이반자를 만듭니다. 기존의 중천장과 새로 만든 종이반자 사이의 공기층이 단열 성능을 높여 줍니다. 중천장이 없는 경우라면 이와 같은 방법으로 이중 종이반자를 만듭니다. 방 규모가 크고 처짐이 걱정된다면 중간중간에 가는 철사로 파이버매시를 받친 후 종이를 붙입니다.

고효율 농민난로를 만들어 보라

전 세계에 널리 보급된 근대 화목난로들 중 대다수가 스칸디나비안 스타일입니다. 스칸디나비안 화목난로 중에는 세계적 명품 난로들이 즐비하죠. 그중 요툴(JOTUL)은 대표 명품난로입니다. 이런 고가의 난로는 서민에게 그림의 떡이겠지요. 하지만 명품난로의 구조를 알면 LPG통으로도 고효율 난로를 만들 수 있습니다.

이 난로들은 열기배출지연판(baffle)이 있는 시가 번(cigar-burn) 형태입니다. 담뱃불처럼 화실 안에 있는 장작은 앞에서 뒤로 타 들어갑니다. 장작이 타 들어가면서 불꽃과 연기는 화실 앞 열기배출지연판의 불목을 통과한 후 연통으로 빠져나갑니다. 이런 구조 때문에 연통으로 빠져나가는 열손실이 줄어듭니다. 현대 시가 번 화목난로는 열기배출지연판에 2차 공기 분사 구조를 갖추었습니다. 화실 내부를 우회하며 뜨거워진 2차 공기와 불완전연소된 연기가 만나 다시 불이 붙습니다. 즉, 2차 연소가 일어납니다. 그만큼 고온연소되고 배출 연기도 깨끗해집니다.

고압가스를 담기 위해 만들어진 LPG통은 주철만큼이나 내열성도 높고 내구성도 높습니다. LPG통으로 만든 시가 번 화목난로는 '흙부대생활기술네트워크'의 한 회원이 개발했습니다. LPG통은 쉽게 구할 수 있고, 그 외 부품과 부속은 반제품 형태로 공급됩니다. 용접만 할 줄 알면 반제품 상태인 부품을 이용해서 완성할 수 있습니다. 물론 직접 모든 부품을 제작하거나 개선하는 회원도 늘어났습니다. 이들 대다수가 농부입니다. 이 난로는 농촌 곳곳으로 보급되며 농민의 난로가 되었습니다.

LPG통 '농민난로'의 구조는 간단합니다. 가정용 LPG통을 화실로 이용합니다. 통 앞쪽 머리에 화구를 끼울 구멍을 뚫습니다. 여기에 원형 강관을 끼워 용접합니다. LPG통을 눕힌 상태에서 위쪽 앞에는 직사각 불목 구멍을 뚫습니다. 뒤쪽 상부에 2차 공기주입관을 끼울 작은 구멍을 뚫습니다. 강관 직경에 맞춰 손잡이와 조절할 수 있는 3개의 공기구멍이 뚫린 원형의 화구문을 준비합니다. 화실 안에는 고온연소를 위해 LPG 안쪽에 내화벽돌을 반원형으로 깔아줍니다.

두꺼운 철판을 접어서 밑바닥이 없는 상자 형태로 만든 조리상자를 LPG통 위에 용접합니다. 농민난로에서 조리상자는 열기배출지연판 역할을 합니

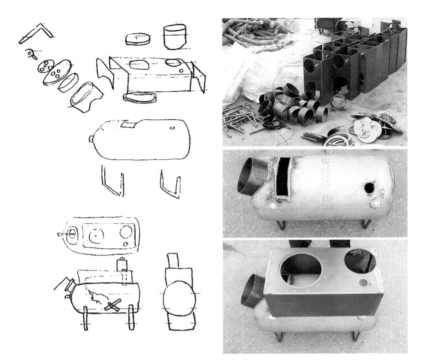

LPG통 농민난로의 구조와 부품 ⓒ흙부대생활기술네트워크

다. 이 사각 조리상자의 상판에는 솥을 얹을 수 있는 원형 솥자리와 뚜껑이
필요합니다. 솥자리가 없어도 상관없습니다. 조리상자 뒤쪽에 연통 구멍과 2
차 공기주입관을 끼울 작은 구멍을 뚫어둡니다. 강관으로 만든 연통꽂이에
배연을 조절할 댐퍼를 부착합니다. 판매하는 기성 댐퍼를 부착할 수 있습니
다. 조리 상판의 2차 공기주입관 구멍에서 LPG통 2차 공기주입관 구멍까지
작은 철관을 삽입하여 끼웁니다. 이 구멍 위에 고리를 부착한 여닫개를 답
니다. 마지막으로 화목난로 본체를 받칠 2개의 철근 다리를 달아 줍니다.

   LPG통 난로를 만들려면 용접은 필수입니다. 사실 농부는 꼭 난로 제작
이 아니더라도 기본 용접 정도는 할 수 있으면 좋습니다. LPG통 농민난로

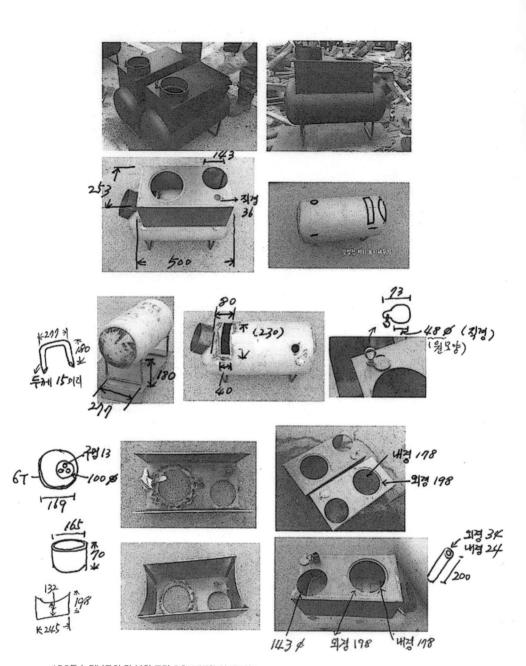

LPG통 농민난로의 각 부위 크기 ⓒ흙부대생활기술네트워크

는 지금도 계속 농부들에 의해 개량되고 있습니다. 농부는 농사꾼이자 적정 기술을 활용하고 개량하는 생활기술자가 되어도 좋겠습니다.

두 번째 문턱, 농사

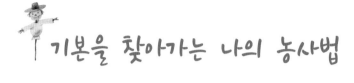

기본을 찾아가는 나의 농사법

전희식 | 이삼일만 손에서 호미를 놔도 몸이 근질거리는 소농이다. 똥 눌 때와 농사일 할 때 기발한 생각들이 잘 떠오르고 글감도 만나서 자신을 글 쓰는 농부라고 소개하기도 한다. 최근에 일곱 번째 책 『소농은 혁명이다』를 펴냈다.

농사 방법은 농사짓는 사람의 수만큼 많이 있다고 봅니다. 해마다 다르고 조건에 따라 다릅니다. 마음먹기에 따라 또 달라집니다. 사람에 따라 다를 뿐 아니라 상황과 지역에 따라 또 다릅니다. 시대적인 추세도 있습니다. 개인 차원의 요인과는 별개로 사회적 요청 또한 농사법에 반영됩니다. 요즘 우리나라에 자연재배 농법에 관심이 몰리듯이요.

농사짓는 사람을 가운데에 놓고 생각해 보겠습니다. 마음을 고쳐먹고, 도시를 떠나 시골에서 농사지으며 살기로 마음먹는 사람들에게 맞춰 보겠습니다.

◀ 어머니랑 마늘을 엮는다.

◀ 짚으로 덮은 고추밭에 계
곡물을 끌어내려 스프링클러
로 물을 준다.

◀ 모내기 후에 우렁이를 논
에 넣는다.

농사짓고 사는 삶

농사짓고 살겠다는 것이 삶의 목적일 수 있습니다. 농사에 대한 깊은 통찰과 이해를 바탕에 둔 사람은 농사짓는 일 자체가 삶의 모든 것을 말해 줍니다. 농사라는 말에 녹아 있는 삶의 규정력은 매우 넓고 깊습니다. 그래서일까요? 귀농학교에 강의를 가보면 귀농의 목적이 '농사짓고 살고 싶어서'라는 분들이 많습니다. 농사가 수단이 아니고 삶의 목적이라는 말인데 참 반가운 일입니다.

농사짓고 살고 싶어서 농사짓는 사람은 농법에 얽매일 필요가 없다고 봅니다. 그런 사람이 도달할 대자유는 농법에 구애받지 않을 것이라고 봅니다. 하고 싶어서 하는 일이니 지치지 않을 테고 신명이 날 것입니다. 하고 싶은 일을 하는 사람은 그 일의 과정 자체가 삶입니다. 그 일의 성패와는 구분되는 삶의 진수를 만끽합니다.

농사짓고 살고 싶어서 농사를 짓게 된 사람일지라도 몇 가지 유의할 게 있습니다. 초심을 유지하는 것입니다. 농사짓고 사는 삶을 아주 구체적으로 구상할 필요가 있다는 말입니다.

그래서 저는 귀농학교 수강생들에게 말하곤 합니다. 지금 이렇게 귀농교육을 받으러 온 초심을 잘 적어서 머리맡에 두고 늘 복기하라고 말이죠. 세상사 흐름은 '현실'이기에 한 개인을 휩쓸리게 합니다. 돈이나 주변 사람이나 불가피한 돌발 상황이 늘 변명거리를 제공해 주면서 나를 변하게 합니다. 어쩔 수 없다거나 이번 한 번만이라는 변명거리들은 널리고 널렸습니다. 초심을 유지하는 것은 어려운 만큼 중요합니다.

그래서 농사짓고 살고 싶은 삶에 대해 세밀화 그리듯이 아주 소상하게 그려 보는 것이 좋습니다. 막연한 희망은 막연해서 실현되기 어렵습니다. 유혹에 휩쓸립니다. 농사짓고 사는 삶을 아주 구체적이고 정교하게 잘 그려 보셔야 합니다. 다만 구체적이고 정교한 것이 나를 옭죄는 족쇄가 되어서는 안 됩니다. 구체적인 그림을 갖되 얽매이지는 않는 것이 중요합니다.

흙

흙은 어머니로 불립니다. 모든 생명들의 모태이기 때문입니다. 농사는 흙입니다. 예로부터 가장 못난 농부는 풀만 좋은 일 시키고 그 다음 보통의 농부는 농작물만 키워 대고, 가장 훌륭한 농부는 땅을 살린다고 했습니다.

기껏 땅을 살려놓으니 땅 주인이 돌려 달라더라는 사람이 있었습니다. 자기 땅 없이 남의 땅 빌려서 농사짓는 사람의 애환 서린 하소연입니다. 그러나 참 농부는 어떤 경우에도 땅을 살리는 일을 포기하지 않습니다. 흙을 살리는 농사 과정에 이미 농부 자신의 몸과 영혼이 건강해지는 것을 알기 때문입니다. 덤으로 경제 문제도 풀린다는 것을 알기 때문입니다. 잘 만들어 놓은 땅을 주인에게 돌려주는 게 아까워서 함부로 농사지은 것을 후회하는 바보가 돼서는 안 되겠지요. 자동차 보험료 아까워서 일 년에 가벼운 교통사고 한두 번 나기를 바라는 바보가 어디 있겠어요.

흙은 쉽게 구분해서 홑알구조와 떼알구조가 있습니다. 인터넷에 찾아보면 잘 설명되어 있으니 자세한 설명은 생략하겠습니다. 살아 있는 땅은 떼알구조 흙입니다. 토심이 깊고 유기물이 풍부한 땅입니다. 참 농부는 수고로움이 여러 해 걸리더라도 푹신푹신한 떼알구조의 살아 있는 땅을 만들어 갑니다. 보습 효과도 있지만 배수도 잘되는 땅입니다. 그러니 가뭄도 안 타고 수해도 안 납니다. 가물어서 호스로 물을 끌어 대면 물이 흐르지 않고 땅속으로 그냥 스며듭니다. 떼알구조 흙은 지하수를 퍼 올리는 관정이 있으면서 동시에 배수관이 있어 홍수 때의 큰 빗물을 신속히 빼낸다고 보시면 됩니다.

수분과 양분도 잘 간직하면서 물 빠짐은 아주 좋고 통기성도 좋아 흙 속으로 산소공급도 원활합니다. 어떻게 이런 서로 상극인 역할을 땅이 하는 것일까요? 흙의 신비입니다. 온갖 상황에 대처하는 전문가 일꾼을 수억 명 거느렸다고 보면 됩니다.

흙이 사는 데 가장 큰 위협이 무엇일까요? 살아 있는 흙을 만드는 데 큰 장애는 비료와 농약과 비닐입니다. 또 대형 농기계입니다. 이 문제를 너무 경직되게 이해할 필요는 없습니다. 이것들을 피하면 흙은 점차 흙다워집니다.

흙을 강조하는 이유는 흙 자체에 있지 않습니다. 우리는 농부이기에 농작물에 대한 관심이 흙에 대한 관심으로 연결될 뿐입니다. 농작물은 식물입니다. 식물은 뿌리가 가장 중요합니다. 뿌리 없이 열매도 줄기도 꽃도 없습니다. 이 뿌리는 흙이 좋아야 제대로 살 수 있습니다. 모든 뿌리는 복잡한 구조와 기능을 갖고 있는데요, 내생근균이라고 하는 '마이코라이자'가 핵심적인 역할을 합니다. 뿌리에 공생하는 마이코라이자는 우리 눈에 보이는 실뿌리에서부터 적어도 30cm 이상을 뻗어 있어서 흙 속의 양분 흡수를 도와주는 새로운 뿌리 역할을 합니다. 근데, 비닐과 농약과 대형 농기계는 이 마이코라이자를 박살냅니다. 그 과정은 매우 복잡한데 여기서는 설명을 생략하겠습니다.

정리하자면 농사는 흙이 살아야 한다, 그래야 농작물이 온전하게 자라 건강한 먹을거리를 담보한다는 것입니다. 흙을 살리는 여러 기법들이 있습니다. 농업기술센터나 화학농법으로 기업농을 하는 사람도 흙에 관심을 기울입니다. 그러나 흙을 살린다기보다 임시로 부축한다는 표현이 맞을 겁니다. 더 많은 수확과 더 많은 돈을 빼먹기 위해 땅에다 유기질비료다 유박이다 유기농자재다 배양미생물이다 하며 집어넣는 것은 땅을 살리기보다 땅에대한 학대라고 봐야겠지요. 땅을 생명체로 보는 게 아니고 수단으로 보는것이겠지요. 흙과 관련된 정제된 자료와 책자는 아주 많습니다. 유튜브에도많은 자료가 있습니다.

비닐

어떤 이는 역사상 최고의 발명품에 자전거와 함께 비닐을 꼽겠다고 했습니다. 농사에서 비닐은 제초용으로 멀칭에 씁니다. 가온용으로 비닐하우스에도 씁니다. 또 뭐가 있을까요? 건조장에 비닐이 쓰입니다.

모든 것은 유효기간이 있습니다. 농업에 있어서 단연 최고의 발명품인 비닐도 유효기간을 지났다고 봅니다. 비닐이 했던 혁명적인 역할은 이제 더 이상 의지할 대상이 아니라는 것이지요. 환경생태적인 여러 쟁론들은 검색해서 찾아보십시오.

몇 가지만 말씀드립니다. 먼저 제초를 목적으로 쓰이는 멀칭용 비닐 얘기를 해봅시다. 가을에 마늘을 심으면서 마늘밭 전용의 구멍 뚫린 비닐을 쓸때하고 안 쓸 때하고 어떤 차이들이 생길까요? 제초용이니까 당연히 풀 매는 수고가 엄청 차이가 나겠지요. 풀만 안 나게 할까요? 아닙니다. 농부가똑같이 정성을 들여 키웠다고 하더라도 비닐을 씌운 마늘은 훨씬 굵습니다. 벌이도 낫겠네요.

대신 마늘 뿌리는 길이가 짧습니다. 그 이유는 지온의 차이 때문입니다. 비닐을 씌웠으니 과성장이 됩니다. 굳이 뿌리를 깊이 내리지 않아도 성장 조건이 좋으니까 뿌리가 짧은 것입니다. 비닐도 씌우고 비료도 준다고 하면 더

심하겠지요. 뿌리 취약함이. 이렇게 되면 추운 북부지방 농사꾼이 남부지방 마늘밭을 경작한 꼴입니다.

마늘밭 비닐은 한겨울과 봄이 지나면 걷습니다. 마늘 캐면서 용도가 다 됐기 때문입니다. 그러나 고구마나 고추, 감자 등을 봅시다. 검은 비닐로 멀칭한 농장은 한여름 한낮에는 고온으로 치솟습니다. 외부 온도가 섭씨 34℃일 때 지표면은 50℃가 넘습니다. 땅속 1cm 아래가 46℃로 측정됩니다. 우리가 목욕탕 온탕 속에 들어가서 '시언~하다'고 느낄 때가 최대 41℃입니다. 비닐멀칭 속이 얼마나 뜨거운지 상상이 되나요? 식물 뿌리의 생명이라고 할 수 있는 '마이코라이자'가 견디기 힘든 조건입니다.

그렇게 되면 그 작물은 허약하디 허약하니까 병해충에 내성을 갖지 못합니다. 그래서 화학농사를 짓거나 비닐멀칭을 하면 농약을 뿌려야 하는 악순환 고리가 만들어지는 것입니다. 유기농을 하는 경우에도 유기농자재 방제약을 쓰게 됩니다.

멀칭 비닐은 곧 풀과의 관계 설정에서 극단적인 조치라고 보면 됩니다. 그러면 풀을 어떡해야 할까요? 요즘은 풀에 대한 여러 폭넓은 담론들이 많아졌고 기법들도 개발되었습니다. 초생재배에서부터 다양한 농기구들도 개발되고, 부직포를 쓰기도 하고 차양막을 깔기도 합니다. 한마디로 줄이면 풀과 공생하는 것입니다. 절대 풀은 제거의 대상이 아니라는 것이지요.

전남대학교 식물생명공학부 구자옥 교수의 연구가 있습니다. 계속 감시하듯이 관리하여 완전 제초를 한 벼 생산량을 100%로 놓았을 때 모 심고 20일 뒤에 딱 한 번 풀을 매 준 논의 벼 생산량이 90%에 도달했다는 것입니다. 농약 값과 노동력과 작물 스트레스를 고려하면 적당한 풀은 훨씬 경제적이기도 합니다.

풀은 잘 관리해 주면 가뭄을 이기는 데 큰 도움이 됩니다. 익충을 불러 모읍니다. 토양의 휘산(揮散, 흙 속에 녹아 있던 질소가 공기 중으로 날아감)을 방지합니다. 땅속에 유기물을 공급합니다. 좋은 땅에 비닐이 위협 요소라는 위의 설명을 떠올리시기 바랍니다.

이런 얘기를 들으면 짜증이 날 수 있습니다. 당장 염천 더위에 풀 매러 호미 들고 밭으로 가야 하는 용감한 우리의 농부들께 삼가 위로와 격려를 드립니다. 비닐 문제를 엄격하게 적용하다가 마음 상하지 않는 게 중요할 것입니다. 자기의 의지와 신체 능력 등을 고려하여 개인적인 조화, 사회적인 지속가능함을 견주어 가며 선택하면 어떨까 싶습니다.

씨받이

씨받이라고 하니까 배우 강수연이 떠오르나요? 참 훌륭한 영화지요. 씨받이는 대를 잇고자 하는 사대부 집안에서만 쓰이는 말이 아니고 식물의 수분작용에도 쓰이는 말입니다. 여기서는 채종, 옮겨 심기, 토종 씨, 유전자조작, 포트 등으로까지 넓혀서 이해하고 얘기를 나눠 보겠습니다.

무씨보다 배추씨가 무척 비쌉니다. 농협이나 농약사에 가면 매년 신품종이라는 천연색 포장지 씨앗이 있습니다. 이 씨앗을 사다가 직파를 한다고 해보세요. 엄청난 종자 값에 엄두가 안 날 겁니다. 직파해서 솎아 가며 농사짓는 게 오랜 전통인데 요즘은 씨앗을 사다 쓰니까 직파도 포트 모종으로 바뀌었습니다.

좋은 땅과 종자는 한 묶음입니다. 요즘 종자들은 몇 가지 공통된 특징이 있습니다. 이 특징은 모든 육종의 목표이기도 하지요. 크고, 때깔 좋고, 크기가 고르고, 빨리 자라고, 달고, 변질이 안 되는 것들입니다. 빛이 있으면 그늘이 있지요. 요즘 종자들은 씨를 받아 심을 수 없습니다. 벌레와 병이 엄청납니다. 비료와 농약을 쳐야만 합니다.

농사의 핵심은 씨앗입니다. 씨앗으로 농사는 좌우됩니다. 자립하는 농부는 씨앗에 대한 주도권을 가지고 있어야 합니다. 자기 농사의 씨앗을 자기가 가져야 합니다. 몇 천 원 들고 농약사에 가면, 없는 종자가 없다는 생각은 위험합니다. 이른바 종자주권은 나라와 나라 간에 심각한 경제적 이해 충돌을 가져오기도 합니다. GMO(유전자조작 식품)의 등장은 이런 위기를 가속화시킵니다.

옮겨 심기보다 직파가 작물에게 건강합니다. 옮겨 심는 과정에서 잔뿌리와 '마이코라이자'가 크게 손상되기 때문입니다. 옮겨 심는 이점이 없는 것은 아닙니다. 그러나 직파 건강성에 비할 바가 못 됩니다. 옮겨 심더라도 이왕이면 포트를 이용하지 말고 맨땅에 직파를 했다가 비 오는 날, 또는 물을 흠뻑 주고 실뿌리가 상하지 않게 옮겨 심으셔야 합니다.

모든 식물은 곧은뿌리 또는 수염뿌리입니다. 뿌리는 직진성이 있습니다. 장애물이 없는 이상 직진을 합니다. 모든 식물은 지상부와 지하부가 대칭을 이루려고 합니다. 육묘장의 모종들은 지상부를 요란하게 하는 데 신경을 씁니다. 뿌리는 얇은 플라스틱 포트 속에서 뱅뱅 감겨 있습니다. 밀집재배를 하니까 병약하여 농약을 치면서 키웁니다. 묘목장 포트 속 작물은 태아 상태에서부터 유년기가 매우 극심한 스트레스에 휩싸여 있습니다.

'농사짓고 살고 싶은 사람'은 자연스러움을 중히 여깁니다. 일반 사람도 임신을 하면 태교 차원에서 태아에게 음악도 들려주고 책도 읽어 줍니다. 육묘장에서 화학물질 속에 스트레스로 뒤덮여 있던 모종을 사다 심는 것은 권장할 일이 아닙니다. 모종은 큰 생명으로 뻗어나갈 작은 생명체입니다.

소박하고 가벼운 가온시설을 만들어 스스로 직파 모종을 키우면 좋겠지요. 더 중요한 것이 있습니다. 토종종자로 농사짓는 것입니다. 지금은 토종종자 모임과 보급이 원활한 편입니다. 헌신적인 노력을 마다하지 않은 여러분들의 노고 덕분입니다.

농기구와 농자재

유기농이 뜨니까 한 병에 몇 만 원은 우스운 유기농 농자재들이 많아졌습니다. 농민 관련 신문에는 하단부 전체가 농기구 광고입니다. 오죽하면 언젠가 농진청 강의에 갔다가 70여 명의 각 지방 농업기술센터 공무원인 수강생들에게 여러분이 인식하지도 못한 채 농기계 회사와 농자재 회사의 외판사원 노릇을 하는데 그걸 아셔야 한다고 말한 적이 있습니다. 농촌 노동력이 없다는 이유로 들여온 대형 농기계들이 이제는 농촌 노동력을 추방하는 형편이 되었습니다. 처음부터 이런 결말을 알고 시작한 농정이지 않았나 싶습니다.

농사에서 내 몸 노동의 일정 비율을 지키려고 노력해야 합니다. 손과 발에 흙 한 톨 안 묻히고 농사짓는다는 것은 불명예입니다. 농기계와 농자재의 비중이 높아지는 것을 경계해야 합니다. 글쎄요, 관리기 정도는 괜찮을까요? 뭐, 사람마다 다를 것이니 특정 농기계를 거론하려는 것은 아닙니다. 기계 조작이나 시스템 운영 말고 몸 노동의 비중이 일정 비율을 차지하도록 각별히 신경을 써야 합니다. 몸 노동이라고 하는 것은 자연과 내 몸이 직접 맞닿는 노동을 말합니다. 이마에 구슬땀을 흘리는 육체노동을 말합니다.

노동은 단순한 소득의 원천만이 아닙니다. 나를 자연 깊숙이 이끕니다. 이웃과의 관계망을 형성합니다. 내 지능을 녹슬지 않게 합니다. 성취감과 존재의 자긍을 높입니다. 나를 시장에 종속되지 않게 합니다.

최근에는 적정기술운동이 활발하여 에너지와 농사일 분야에서 소박한 기구들이 많이 발명되고 보급되었습니다. 농자재도 자기 농장 주변의 소재들을 가지고 돈 들이지 않고 만들어 쓰는 과학적인 지혜들이 많이 공개되어 있습니다. 미생물 배양과 액비 제조가 대표적인 자가 농자재입니다. 웃거름 줄 때 액비는 아주 좋습니다. 미생물 배양액은 흙을 살리는 영양제가 됩니다. 종자도 자가 생산하듯이 농자재나 농기구도 자가 조달 또는 집단 조달을 시도해 보세요. 관심 갖고 주변을 둘러보면 아주 많습니다.

아무리 잘난 아이도 내 아이만 못합니다. 손때 묻은 내 농기구, 정성으로 만든 내 농장 주변의 농자재는 농사에 보약이 됩니다. 농작물들도 환호합니다. 저는 풀밀어, 쟁기호미, 지네발 호미, 딸깍이 등을 쓰임에 맞춰 쓰고 부엽토 미생물 배양, 깻묵과 쌀겨로 만드는 액비 등을 돈 안 들이고 만들어 씁니다.

고도비만 농작물과 내 삶의 다이어트

어느 여성지에 재미있는 실험 결과가 소개된 적이 있습니다. 자연재배와 유기재배와 일반 화학농사로 지은 당근과 오이를 가지고 부패실험을 한 기사입니다. 이런 유사한 자료와 실험은 참 많고 결과도 널리 알려져 있습니다. 일반 화학재배 농산물은 바로 썩어서 악취를 풍기지만 자연재배 농산물은 천천히 시들어 갈 뿐이라는 결과치 말입니다. 놀라운 것은 4년이 지났는데도 자연재배 당근은 형태를 유지하고 있었다는 내용입니다. 그 힘이 어디에 있을까요? 아주 간단합니다. 자연을 속이지 않고 자연의 흐름대로 농사를 지었기 때문입니다. 자연을 속이지 않았다는 것은 자기 자신에게 정직했다는 말도 됩니다.

현대의 모든 문명병들은 우리가 자연과 멀어진 거리만큼에 비례한다고 생각합니다. 자연에 가깝다는 것은 우리 인간이 그만큼 신성성을 회복한다고 봐도 되겠지요? 현대의 물질문명은 지속가능하지 않습니다. 우리는 침몰하는 난파선 위에서 잔치판을 벌이고 취했다고나 할까요? 현대인은 정신과 몸과 마음이 고도비만 상태입니다. 농산물이 고도비만이다 보니 그렇게 된 게 아닐까요? 농산물의 고도 만성비만은 질소질 비료의 과투입에서 시작됩니다. 빨리, 크게 키우려는 것이지요. 과질소는 질산태 질소로 식물 안에 축적됩니다. 이것을 먹으면 질산태 질소는 사람 몸에서 아질산태로 바뀌어서 빈혈과 발암의 원인이 됩니다.

만성비만 상태의 농작물을 정상으로 돌리려면 농부의 삶이 다이어트되는 것도 함께 가야 하리라 봅니다. 내 삶의 어디에 군살이 주렁주렁한지 돌아보는 농부가 그립습니다.

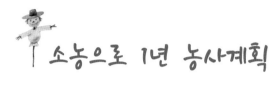

소농으로 1년 농사계획

금창영 | 충남 홍성에서 네 식구가 소농으로 자립하여 살고 있다. 지속가능한 유기농업에 대해 관심을 가지고, 매해 새로운 시도로 가슴 설레는 농사를 짓고 있다.

귀농해서 처음 하는 오해는 '농사와 관련된 책을 많이 보면 농사를 잘 지을 수 있을 것이다'라는 생각이다. 특히 직접 농사와 관련 있는 책은 곁에 두고 그때그때 보는 것이지 책 몇 권 읽었다고 머릿속에 1년 농사가 정리된다는 것은 있을 수 없는 이야기다. 더불어 몇 줄의 글로 1년 농사계획을 이야기한다는 것도 불가능하다. 그래서 이 글에서는 귀농 1~2년 차가 1년 농사계획을 세우는 데 주요하게 염두에 두어야 할 내용들을 적고자 한다.

귀농을 준비하는 과정도 그렇지만 가볍게 살려고 시골에 가려 하는데, 계획을 세우려니 머리에 쥐가 날 지경일 것이다. 하지만 그렇게 걱정할 필요는 없다. 어차피 살아가면서 부딪치는 문제이니 미리 고민한다고 뾰족한 해답이 나오는 것도 아니다.

그런 어려움은 정답을 찾으려 하기 때문에 생기는 것이다. 귀농도 1+1=2라는 정답이 있을 것이라는 오해는 이런저런 자료를 찾도록 만들고, '나의 귀농계획'이라는 노트에 이것저것 잡다한 계획을 적도록 만든다. 하지만 장담컨대 귀농이나 농사에 정답은 없다. 내가 그 길을 만들어 갈 뿐이다. 선배들이 걸어간 길은 판단의 근거이지 정답이 아니다.

소농?

그전에는 나도 자신 있게 이야기하고 다녔다.

"처음 2~3년은 고생스럽다. 처음 해보는 일인데 당연하지 않은가? 하지만 3년이 넘어가면 경제적으로 자립이 얼추 된다. 농사로 돈을 그만큼 벌 수도 있고, 씀씀이를 줄여 맞출 수도 있다. 그런데 이 3년이라는 기간이 경제적인 문제만을 해결해 주는 것이 아니다. 시골살이 3년은 되어야 가족이 보이고, 나 자신을 오롯이 볼 수 있는 눈이 생기고, 자기의 삶을 대면할 수 있는 용기가 생긴다. 그때 보이는 세상은 지금과는 다른 세상이다. 이것을 어찌 말로 설명할 수 있겠는가? 그러니 딴 생각 말고 그냥 나 죽었다 생각하고 3년만 농사를 지어라."

하지만 이젠 그런 말할 자신이 없다. 우리도 고생스러웠지만 이제 새로 들어오는 분들이 소농으로 살려면 우리보다 정신적으로나 육체적으로 더 어려울 것을 알기 때문이다. 그것보다 문제는 듣는 이들이 이런 이야기들에 그다지 공감하지 않는다는 점이다. 심하게는 일부러 겁주기 위해 그러는 것으로 오해하기도 한다.

귀농 첫해를 맞는 사람들은 표정이 밝다. 꿈에 그리던 귀농을 했고, 선배들이 이야기하는 어려움을 몸소 겪어 보지 못했기 때문이다. 그렇게 2년째에 자신의 존재에 대해 고민하고, 3년째에 체념하는 과정을 겪게 된다. 말로 백번 이야기해서 실감할 수 없다. 이래저래 본인이 직접 겪어 봐야 알 수 있는 것이 귀농생활이고 소농으로서의 삶이다.

농사계획에서 우선 염두에 둘 점

어찌어찌 시골로 삶의 거처를 옮겼다면 누구나 농사를 짓게 된다. 시골에 오기 전에는 귀농과 귀촌을 확실히 구분하여 생각할지 모르지만 시골생활이 앞으로 어떻게 풀릴지는 아무도 모르지 않는가?

도시에서는 텃밭 5평에 즐거워했을지 모르지만 시골에서는 적어도 200~300평의 텃밭이나 약간의 논을 얻게 된다. 그때 드는 생각은 대부분 먹는 것을 자급하면 좋겠다는 것이다. 도시텃밭에서는 채소 위주로 모종을 사서라도 할 수 있지만 몇 백 평의 논·밭을 눈앞에 두면 머리가 복잡해질 수밖에 없다. 논이야 벼를 심어 거두면 된다지만 밭은 자급을 위해 수십 가지 작물이 들어갈 테고, 본인들에게 필요한 양도 잘 모르겠고, 심는 시기와 거두는 시기도 제각각인데 어떻게 해야 나에게 딱 맞는 계획을 세울 수 있단 말인가?

농사계획을 세우는 것이 막막하고 자신이 없으면 안 세워도 된다. 대신에 좋은 선생님을 모시면 된다. 좋은 선생님은 옆 동네 선배 귀농자보다는 동네에서 농사 잘 짓기로 소문이 자자한 할머니가 좋다. 겨우내 그 집을 들락거리면 답이 나온다. 혹 농약을 쓰신다면 모른 척하고 안 따라하면 된다. 겨우내 신뢰가 쌓였다면 오히려 할머니께서 걱정해 주실 것이다.

동네 할머니를 선생님으로 모시면 시골생활의 90%는 해결된다. 씨앗을 구하는 것에서부터 심는 방법, 키우는 방법, 거두는 방법만이 아니다. 씨앗도 나누어 주시고, 김매기도 거들어 주시며, 본인이 나서서 갈무리도 해주신다. 당연히 키질에 콩과 팥을 골라 주시기도 한다. 더구나 이분들이 내가 짓는 논밭의 상황을 나보다 더 잘 아신다. 저 밭은 대파가 잘 자라고, 가운데는 질고, 뒤쪽은 오후에 일찍 그늘이 지는 것까지.

그런데 귀농자들이 이렇게 잘 안 한다. 왜 그럴까 생각해 보면 조금 남다른 것을 하고 싶어서일 것이다. 왜 그렇지 않은가? 지금 어르신들은 왠지 낡은 방식일 것 같고, 내가 하는 것은 지금의 농업·농촌문제를 해결할 수 있을 것만 같은. 물론 확실한 근거는 없지만.

본인이 1년 계획을 세우려면 조금 복잡해진다. 보통 영농계획을 세우기 위해 구입하는 책자들에는 도표로 작물 재배력이 나와 있다. 가령 키 작은 강낭콩은 3월 중순에 심어 6월 중순에 수확하고, 6월 말에 다시 심어 10월에 수확하는 내용을 색깔로 구분하여 한눈에 알아보기 쉽게 만들어져 있다. 덧붙여 섞어짓기를 하면 좋은 작물 리스트도 인터넷에 돌아다닌다. 가령 고추와 대파, 옥수수와 콩, 바질과 토마토 등이다. 거기다 한련화나 메리골드 등의 꽃에서부터 이름도 낯선 허브까지 끼어들어 벌레를 막아 주고 작물이 잘 자라게 한다니 욕심이 생기기도 한다.

하지만 문제는 책마다 약간의 차이가 있다는 것이다. 그리고 그것보다 큰 문제는 우리나라 중부지방을 기준으로 만들었다지만 같은 중부지방인 충남

과 강원도는 한 달 이상의 차이가 나기도 한다. 이렇게 되면 농사계획 자체를 포기하기 딱 좋은 상태가 된다. 그래서 추천하는 방법은 아래와 같다.

우선 가족이 모여 좋아하는 작물을 모두 적는다. 보통은 토마토, 옥수수, 감자, 고구마, 양상추, 당근 등등이 나올 것이다. 혹 된장을 만들겠다는 생각으로 콩을 적거나 김장을 담으려고 고추, 무, 배추를 적을 수도 있다. 손님들이 올 테니 바비큐파티 하려면 상추도 좋고, 여름에는 뻣뻣한 담배상추도 좋다. 가짓수에 상관없고 그 지역에서 재배가 가능한지도 중요하지 않다. 그렇게 몇십 가지를 적는다.

다음으로 이렇게 적은 것들 중에서 특히 좋아하는 것들을 10가지 정도 정한다. 이 10가지는 원없이 먹어보고 싶었던 것이면 좋겠다. 가령 토마토로 소스를 만들어 파스타를 물리도록 먹어 보겠다, 채소를 가지가지 키워 샐러드로 상다리가 부러지도록 해보겠다, 기장으로 술을 담아 보겠다, 콩을 심어 겨울에 두부를 매 끼니마다 먹어 보겠다 등등 본인이 생각하는 계획에 따라 정하면 되겠다.

이때 염두에 둘 것은 잡곡류는 어느 정도 양이 되어야 도정이 가능하다는 것이다. 수수는 가정용 정미기로 할 수 있지만 율무나 조, 기장 등은 정미소에 가야만 한다. 보통 보리 찧는 방아에다 잡곡을 도정하는데 기계가 크다 보니 어지간해서는 라인에 깔리는 것이 더 많을 수 있다. 혹 너무 적으면 예전 방식으로 절구에 찧을 수도 있다. 하지만 별로 추천하고 싶지 않은 방식이다. 언젠가 한 바가지 정도의 조를 세 사람이서 절구에 찧은 적이 있다. 절구질이 힘들어 돌아가면서 찧어야 하는데 적어도 한 시간은 찧었다. 그러니 잡곡을 할 때는 수확량이 적어도 20kg 이상 나오는 것이 필요하다.

농사계획을 세울 때 심지도 않았는데 벌써 걱정이 앞서기도 한다. 누군가

는 "우리 지역에서는 작두콩이 안 된다", "그 밭은 그늘이 져서 토란이나 생
강밖에는 안 된다" 하고 이야기한다. 하지만 그런 이야기에 휘둘릴 필요는
없다. 어차피 한 가지를 수백 평 할 것도 아니고, 본인이 직접 경험해야 고구
마는 진 밭에 안 심고, 토란은 사질토에 심지 않게 된다.

책에는 콩을 세 알씩 심으라고 하는데 동네 어르신들은 모종 내서 심으라
고 하면 고민이 생길 수 있다. 하지만 한 알은 새가 먹고, 한 알은 벌레가 먹
고, 한 알은 사람이 먹는 공생의 삶이 마음에 들면 그냥 세 알씩 심으면 된
다. 분명 새가 세 알을 다 먹으면 또 세 알씩 심으면 된다. 그러고도 다 먹으
면 그때 모종 내서 심어도 된다. 그런 경험을 해야 책이라고 다 맞는 건 아니
라는 것도 알게 되고, 콩을 심으면서 새 피해를 줄이는 방법도 고민하게 되
고, 어르신들이 선생님이란 것을 깨닫게 된다.

고라니가 다니는 밭에는 콩이나 팥, 김장채소, 고구마를 심지 말라고 해

고추모종

도 조금이나마 심어서 고라니가 다 먹는 것을 실감해 보는 것이 좋다. 고라니가 어떤 순서로 작물을 먹고, 갖가지 고라니 피해를 줄이는 법을 알게 되며, 면사무소, 군청, 농업기술센터, 도기술원, 농촌진흥청, 농림축산식품부, 산림청까지 전화를 해보면서 "그깟 콩 얼마나 한다고 그렇게 심으려고 하느냐?"는 소리를 들어봐야 우리나라 정부가 농사꾼을 얼마나 무시하고, 대책이 없는 곳인지 뼈저리게 느끼게 된다.

그러니 쉽게 가려고 하지 말아야 한다. 남들 겪는 것 다 겪어야 선배 소리를 듣는 것이다. 다만 주의할 것은 내가 먹고, 남에게 떳떳하게 팔 수 있는 것을 농사지어야 한다는 것! 표고버섯이 돈은 될 듯한데, 세슘이 검출된다니 고민일 수 있다. 고민은 욕심에서 생긴다. 안 하면 고민도 할 필요 없다.

주력 품목

밭 넓이가 100평만 넘어가면 어떤 것을 심어 도시에 있는 지인에게 얼마를 받고 팔까, 라는 생각을 하게 된다. 이때 작물 선택의 기준은 보통 가격이다.

처음 시골에 가면 동네 할머니들은 귀농자에게 "돈 되는 품목을 남들보다 일찍 심으라"고 말씀하신다. 일찍 심으라는 것은 맞는 말이다. 시장에서 남들보다 한 푼이라도 더 받기 위해 비닐을 이중 삼중으로 하고, 거기다 가온까지 해서 조금이라도 빨리 작물을 출하하는 것을 보면 알 수 있다. 하지만 돈 되는 품목은 없다고 보는 것이 맞다. 혹 그런 것이 있다면 본인들이 먼저 할 텐데, 그러지 않는 것을 보면 없다는 것이다. 정말 만에 하나 그런 것이 나타난다면 농민들이 비싼 값으로 팔기도 전에 수입농산물이 들어올 테니 애시당초 생각 않는 것이 좋겠다.

그렇다면 주력 품목은 어떻게 정할 것인가? 몇십 가지 품목을 농사짓다 보면 그중에서 본인들이 특별히 좋아하는 10가지 품목은 분명 남는 양이 있을 것이다. 이것들을 도시에 있는 지인들에게 보내다 보면 호응이 좋은 것이 있다. 이러한 품목은 사람들마다 조금씩 차이가 있다. 젊은 세대는 고구마나 옥수수 등이 그럴 것이고, 50대 이상은 양파나 마늘, 고춧가루 등이 될 것이다. 이런 품목 중에서 자기가 유난히 애정이 가는 작물을 선택하면 그것이 주력 품목이 된다.

기본적으로 직거래로 모두 판매할 수 있는 것이 가장 좋을 것이며, 그보다 더 욕심이 나면 영농조합에 납품하는 농사로까지 확장할 수도 있다. 그렇게 작물을 알아가는 과정을 거쳐야 가공에 대한 고민도 시작되고, 그와 더불어 안정적인 소득으로 연결될 수 있다.

작물의 배치

귀농해서 처음 농사짓는 밭은 기름진 좋은 땅이 아닐 가능성이 많다. 기계가 들어가기 어렵거나 볕이 들기 어려운 곳일 수도 있다. 그런 밭들을 몇 년 하다 보면 조금씩 좋은 조건의 땅을 구할 수 있을 것이다.

초기에는 보통 한 밭에 한 가지 작물을 심는 단작을 하기보다 여러 가지 작물을 가지가지 심게 된다. 이때 중요한 것은 작물의 키와 자라는 모양, 바람길, 해의 흐름이 중요하다. 남쪽으로는 키가 작은 작물을 심고, 북쪽으로는 키가 큰 옥수수나 수수를 심는 것이다. 그렇다고 제일 남쪽에 고구마를 심고, 그 옆에 고추를 심으면 잠시 한눈파는 사이에 고구마가 고추를 덮치는 경우가 생길 수 있다.

또 하나 염두에 둘 것은 봄에 이것저것 얻어다 심다 보면 정작 본인이 심고 싶었던 작물, 예를 들면 조금 늦게 들어가는 잡곡이나 고구마를 심지 못할 수도 있다는 것이다. 그리고 봄 작물이 어느 정도 수확이 끝나야 가을 김장거리가 들어갈 수 있는데 밭의 공간이 없어 고생할 수도 있다.

덧붙여서 자주 들여다보아야 하는 작물과 그렇지 않은 작물을 구분해서 배치하는 것도 필요하다. 쌈채나 고추 등은 수시로 가꾸어 주고 수확해야 하는 것이지만 잡곡은 초기에만 신경 쓰고 그 이후에는 수확만 하면 되니 밭 입구에서 멀리 배치해도 된다.

영농일지

초기에는 누구라도 실수를 할 수 있다. 그리고 그 실수로 성장하는 것이다. 처음 귀농해서 선배들을 보면 항상 여유 있고, 크게 급하지 않아 보인다. 본인은 항상 쉴 틈 없이 일하는데도 선배들은 이미 끝낸 경우도 많다. 이렇게 언제까지 어떤 작업을 끝내고, 어떤 일은 사람을 얻어서라도 해야 하며, 밤늦게 트럭 라이트를 켜고라도 일을 하다가도 언제는 아무 생각 없이 쉴 수 있다는 가늠이 된다면 일머리가 생기는 것이다. 일머리는 시간이 필요하다. 머리를 많이 써서 생기는 것이 아니고, 몸이 저절로 움직이는 것이니 몸이 익숙해지는 시간이 필요한 것이다.

대략 일머리가 생기기까지 5년 정도 걸리지만 그 시간을 단축시키고자 한다면 초기 3년 정도 영농일지를 꼼꼼히 쓰는 것이 좋다. 이 영농일지에는 그 날의 날씨와 작업을 주로 쓰지만 그 작업이 적절한 시기인지를 적어 두면 좋다. 가령 4월 말에 생강을 심으면서 '올해는 조금 늦었다. 4월 중순 정도가 좋겠다'라고 적어 두면 그 다음해에 참고할 수 있다.

이렇게 3년 치의 영농일지를 한눈에 볼 수 있도록 만들어 두면 최근 2년 동안 그 시기에 한 작업을 알 수 있어 그날그날 계획을 세우기가 좋다. 그리고 무엇보다 이렇게 만들어진 내용이 본인만의 작물 재배력이 되어 이후 농사의 중요한 기준이 될 수 있다.

천천히 자기만의 농사법으로

요즘 귀농하는 분들은 교육을 많이 받아 그런지 준비를 너무 철저히 해 온다. 농기구는 기본이고, 어디선가 얻은 토종씨앗부터 트럭까지 갖추고 온다. 이러면 선배로서 재미가 없다. 같이 대장간도 가고, 트럭도 빌려주어 밥도 얻어먹어야 친해지는데. 그렇게 친해지면 1년 농사계획도 쉽게 할 수 있다. 특히 논의 경우는 선배 따라 기계를 빌릴 수 있고, 작업 시기도 놓치지 않을 수 있다.

간혹 그렇게 하면 자기 방식대로 하지 못할 것이라는 두려움을 가질 수 있다. 하지만 농사의 기본이 자기계획과 주관대로 하는 것이니 일정한 시기가 지나면 자신만의 농사법이 생기니 걱정할 것이 못 된다.

마지막으로 간혹 듣도 보도 못한 이상한 농사법으로 하겠다는 이들이 있다. 이러한 농사법은 대부분 기존의 농사가 지속가능하지 않다는 판단에서 시작된다. 하지만 시도하기 전에 우선 몇 가지 확인해 볼 것이 있다.

첫째는 그러한 농사법이 아직까지 대중화되지 못한 이유를 생각해 보아야 한다. 초기 귀농자들은 자신들만이 그 정보를 알고, 선구자가 되고자 하는 의욕이 넘치는 경우가 많다. 하지만 따져 보면 기존의 농민들이 훨씬 더 전문가이지 않은가?

둘째는 좀 더 건강한 지구를 만드는 데 도움이 될 것인가를 성찰해 봐야 한다. 농사는 먹을거리를 생산하는 일이다. 지구가 건강해야 건강한 먹을거리를 생산할 수 있다. 지금의 농사가 생산성이나 효율성, 경쟁력이라는 미명하에 대형화, 기계화, 단작화로 가면서 생태적이지 않은 경향을 보이고 있다. 이러한 방식은 결국엔 주변의 지지를 받지 못할 것이며, 지속가능하지 않을 것이다.

셋째는 자기의 내면에서 어려움을 받아들일 준비가 되어 있는가를 살펴보아야 한다. 초기 귀농자들은 기본적으로 비교의 관점에서 농사를 바라본다. 내 방식이 더 친환경적이라든가, 내 농산물이 더 건강에 좋을 것이라는 믿음을 갖고 농사를 짓는다. 그것이 소득으로 연결되지 못하는 벽에 부딪칠 때 새로운 농사법을 고민하게 된다. 그리고 그 고민은 점점 더 몸을 혹사하는 방식으로 변화하기 십상이다. 그때 본인을 유지하는 하나의 가치는 '남들보다'이다. 하지만 남과 비교해서는 절대 행복해질 수 없다. 농사도 마찬가지이다. 본인이 새로운 농사를 하면서 얻는 즐거움과 어려움을 그대로 받아들일 만한 마음의 근육이 형성되어 있어야 계속해서 이어갈 수 있다.

마지막으로 흥미진진하고, 설레는 농사를 반대할 이유는 없다. 하지만 초기에 성급하게 너무 넓은 농지에 그러한 방식을 적용하는 것은 조심할 필요가 있다. 귀농도 어렵고, 소농으로 살아가는 것도 어렵다. 더구나 새로운 농사법으로 인해 급격한 생산량의 감소는 감당하기 쉽지 않다. 그러니 자신의 농지 상황에 따라 순차적으로 적용하는 것이 필요하다.

농사란 자고로 하는 척해서 되는 것이 아니다. 치열하게 살다 보면 어느덧 머릿속에서 농사계획들이 일렬로 설 날이 올 것이다. 다만 시간이 필요하고 그 시간을 버텨 낼 끈기가 필요할 뿐이다.

벼농사에 대한 기본 이해

김광화 | 농사 틈틈이 글 쓰고 사진을 찍는다. 최근에는 꼬박 5년 동안 벼농사를 지으며 준비해 온 『씨를 훌훌 뿌리는 직파 벼 자연재배』를 펴냈다. 한 해 동안 한 번만 지을 수 있는 벼농사, 그래서 생명이 되는 쌀을 얻는 것 못지않게 고마움, 자신감, 충만함, 경이로움 같은 눈에 보이지 않는 소득도 한 해만큼 얻게 된다고. 아내 장영란과 함께 『아이들은 자연이다』, 『숨쉬는 양념·밥상』 등을 지었다.

왜 벼농사인가

이래저래 쌀 소비가 점점 줄어든다. 농사꾼들 역시 벼농사가 단위 소득이 낮기에 점점 멀리한다. 그럼에도 왜 벼농사인가? 밥상의 기본은 아무래도 밥이다. 밥을 빼놓고 다른 것들로 날마다 끼니를 해결한다고 생각하면 답은 간단하다. 밥이 기본을 받쳐 주니 다른 음식이 비집고 들어올 틈이 많은 것이다.

그렇다 하더라도 돈 주고 사 먹으면 간단한 걸 왜 손수 지어야 하는가? 이는 다시 삶 전체와 맞물려 있다. 굳이 가난한 농촌을 선택하여 귀농이나

❶ 써레질하는 트랙터 뒤를 따라가며 볍씨를 훌훌 뿌린다.

❷ 볍씨가 뿌리를 잘 내리게끔 논바닥을 말리는 눈 그누기.

❸ 볍씨를 뿌린 뒤 한 달 정도 지나면 가지치기를 시작한다.

❹ 직파 벼는 부챗살 모양으로 자라 햇살과 바람이 잘 드나든다.

❺ 외부 거름을 전혀 넣지 않은 직파 논. 겨울에도 논에다가 물을 대면 논 생태계가 한결 활발해진다.

귀촌을 하는 이치와 크게 다르지 않겠다. 근본적인 삶에 대한 성찰이라고 할까. 농사에서도 가장 근본이 되는 벼농사는 삶에 대한 주인의식을 확장하는 기본 토대가 된다. 더 넓게는 생명 사랑이라 하겠다.

벼 한살이를 알면

벼농사를 짓자면 벼를 먼저 알아야 한다. 벼 고향은 아열대다. 이곳에서는 2년에 5모작이 가능하다. 하지만 우리나라는 한 해에 한 번만 지을 수 있다.

벼는 생명력이 강한 식물이다. 물이 있는 곳에서 잘 자라고, 물이 없는 밭벼로도 자란다. 홍수가 져, 물이 아주 깊은 곳에서는 부도(浮稻)라고 하여 벼가 물 위로 떠서 자라기도 한다. 이런 생명력이 있기에 벼는 지금도 수십억 인류를 먹여 살린다.

벼 한살이에서 아주 중요한 건 가지치기다. 볍씨 한 알이 싹이 터, 벼 한 포기가 자라기 시작한다. 30일쯤 지나면서 벼는 가지치기를 한다. 지역에 따라, 품종에 따라, 심는 시기에 따라 가지치기 수는 많이 다르다. 재배환경이 아주 좋은 곳이라면 이론적으로 벼 한 포기가 최대한 가지치기를 할 수 있는 개수는 30~40개. 그런데 모를 한 군데 아주 여러 포기 심으면 어떻게 될까? 가지치기를 거의 못한다. 모판 상자 모를 그대로 두면 가지치기는 제쳐두고 벼꽃도 제대로 피우지 못한다. 한 곳에서 한 알씩 자라는 직파 벼는 부챗살 퍼지듯 가지를 뻗는다. 그러니 포기 사이 공간이 있어 바람과 햇살이 잘 드나든다.

품종에 따라 다르지만 올벼는 볍씨를 뿌린 뒤 대략 3달 정도면 벼꽃이 핀다. 벼는 제꽃가루받이를 기본으로 한다. 야생 벼는 암술머리가 껍질 밖으로 나와, 딴꽃가루받이를 많이 하여 척박한 자연환경에서 스스로 살아남았다. 이런 벼를 인간이 수천 년 농사를 지어 오며 끊임없이 개량한 결과 이제는 제꽃가루받이를 하게 되었다. 이제는 사람이 벼를 책임져야 한다.

벼꽃이 피고 나서 벼는 40일 정도 지나면 다 영근다. 야생 벼는 벼꽃이 피고, 먼저 영그는 순서대로 이삭에서 낟알이 저절로 떨어진다. 하지만 요즘 재배 벼는 사람이 홀태 같은 도구나 콤바인 같은 기계 힘으로 강하게 떼어 주어야 낟알이 이삭에서 분리된다.

세계는 지금 이앙(모내기)에서 직파로

모내기 재배 벼는 모판에서 정성스레 돌봐주어야 한다. 또 기계로 모내기를 하려면 기계에 맞게 모를 잘 길러야 한다. 이렇게 하는 데는 정성만 가지고는 안 된다. 상당한 기술이 필요하다. 모판 상자라는 좁은 곳에서 한 달 이상을 빼곡하게 자라야 하기에 쉽지 않다. 게다가 인건비는 갈수록 비싸지다 보니 요즘은 모를 전문으로 키우는 육묘장에서 사다가 심는 경우도 적지 않다. 설사 모가 잘 자랐더라도 모내기 과정 역시 적지 않게 품이 든다. 다만 모내기를 끝내고 나면 그 다음부터는 비교적 농사가 쉽다.

여기에 견주어 직파는 볍씨를 곧바로 논에다가 뿌린다. 요즘 세계적인 흐름이다. 벼에 대한 이해가 높아지고, 농사 기술은 점점 발달하며, 인건비와 기계 값은 갈수록 비싸지는 여건과 맞물려 있다. 얼핏 직파는 아주 쉬운 농사처럼 비친다. 그냥 씨를 논에다가 훌훌 뿌려도 된다니 말이다. 하지만 그 이전에 해결해야 할 중요한 과제가 두 가지 있다. 풀 문제와 비바람에 쓰러짐에 대비해야 한다. 볍씨를 바로 뿌리다 보니 풀과 경쟁이 심하고, 물 관리를 제대로 하지 않으면 비바람에 쉽게 쓰러지는 단점이 있다.

직파에도 선택의 영역이 많다. 기계로 하느냐, 사람 손으로 하느냐? 땅을 갈고 하느냐, 갈지 않고 하느냐? 볍씨를 뿌릴 때 물을 넣고 뿌리느냐, 빼고 뿌리느냐? 제초제(풀약)를 치느냐, 치지 않느냐…. 이러한 선택은 또다시 다양한 조합이 가능하여 여러 선택으로 갈라진다. 나는 '풀약을 치지 않는, 흙탕물 흩뿌림 직파'를 선택했다. 이 직파를 8년째 해왔다. 농사 규모가 크지 않으니까 벼농사를 20년 해오면서 다양한 실험을 했고 그 결과로 자리 잡은 게 이 농법이다.

보통 농진청 자료에서 직파재배란 풀약을 기본으로 한다. 하지만 나는 약을 치지 않고 직파를 해왔다. 그 자세한 이야기는 내가 쓴 『씨를 훌훌 뿌리는 직파 벼 자연재배』에서 다루었으니 참고하면 좋겠다.

풀약을 치지 않는 직파재배의 핵심은 두 가지다. 하나는 논 수평 맞추기. 또 하나는 논에서 자라는 기본 잡초를 어느 정도 잡아 주고 나서 해야 한다는 거다.

논농사에서 논 수평은 기본이다. 물이 중요하니까 그렇다. 물은 늘 수평을 유지하려고 하니 논바닥이 들쑥날쑥하면 논농사가 쉽지 않다. 바닥이 높아 맨땅이 드러난 곳은 풀이 웃자라고, 너무 깊은 곳의 벼는 삭아 버린다. 논 수평을 맞추자면 논 상태를 자세히 파악해야 한다. 논에다가 물을 잡고 로터리를 치면 수평 상태를 쉽게 알 수 있다. 낮은 곳은 물이 고여 있고, 높은 곳은 흙이 드러난다. 이를 그림으로 잘 기록해 두었다가 틈틈이 수평을 맞추어 나가야 한다. 높은 곳의 흙으로 깊은 곳을 메워야 한다. 높낮이 차이가 많다면 트랙터로 대략적인 수평을 맞춘다. 한꺼번에 다 맞추기는 어렵다. 여러 해를 두고 한다.

두 번째는 논에서 자라는 기본 풀을 잘 잡아 두어야 한다. 그러니까 관행으로 농사를 짓던 곳이라면 첫해부터 바로 직파를 권하기는 어렵다. 요즘

친환경 벼농사를 짓는 곳에서는 대부분 왕우렁이를 이용하여 풀을 잡는다. 이 우렁이는 정말 괜찮은 일꾼이다. 두 해나 세 해 정도 왕우렁이를 넣고 이 앙재배를 하다 보면 논에서 자라는 여러 가지 풀, 특히 피를 어느 정도 잡았다고 판단될 때가 온다. 그때 직파를 해야 한다. 그렇지 않으면 벼와 피가 온통 뒤섞여 자라고 만다. 야생성이 강한 피한테 재배 벼는 그야말로 '피'를 본다.

물 관리와 거름은?

벼농사는 물과 뗄 수 없는 관계다. 물론 밭벼라는 예외가 있지만 이는 그야말로 예외다. 물은 벼한테 양분이 되고, 풀이 덜 나게 하며, 온도를 조절하고, 밥맛을 부드럽게 한다.

벼농사에서 물이 중요하다고 늘 논에 물이 고여 있어야 하는 것은 아니다. 먼저 직파 순서를 보자. 볍씨를 준비한다. 논에 물을 가둘 수 있게 논두렁을 바른다. 볍씨는 되도록 흐르는 자연수에서 싹을 틔운다. 2~3일 정도 싹을 키운다. 논에 물을 가두고 로터리치고 써레질을 한다. 기계가 써레질을 하면서 마지막으로 논을 빠져나갈 때 기계 뒤를 따라가면서 흙탕물 상태에서 싹을 키운 볍씨를 훌훌 뿌린다. 흙탕물이 가라앉으며 볍씨를 덮는다.

이 볍씨가 스스로 땅으로 파고들게 하자면 논을 자연 상태에 가깝게 둘 필요가 있다. 즉 자연 상태란 비가 올 때도 있고 가물 때도 있다. 이 과정에서 벼는 뿌리를 더 깊이 뻗게 되어 태풍을 이겨낸다. 그래서 직파에서는 '눈그누기'라는 과정이 필수라 하겠다. 볍씨를 뿌린 다음 논바닥을 일주일 정도 말려 두는 걸 말한다. 그 다음부터는 싹이 자라는 만큼 물을 넣어 준다.

직파 뒤 보름째 정도에 왕우렁이를 넣는다. 이때는 우렁이가 잘 움직일 수 있는 깊이 정도 물이 필요하다. 우렁이가 왕성하게 활동하는 기간은 고작 한 달 정도. 그 다음에는 되도록 논이 물을 머금고 있는 정도가 좋다. 구체적으로 말하면 논고랑이나 발자국에는 물이 있지만 그 외는 논바닥이 드러나는 게 좋다. 그 이유는 뿌리가 호흡을 잘할 수 있기 때문이다.

보통 친환경 벼농사에서는 거름으로 쌀겨나 유박을 쓴다. 정미소에서 방아를 찧다가 나오는 부산물인 쌀겨는 참 좋은 거름이 된다. 현미를 여러 번 깎을수록 백미가 되며, 이 과정에서 쌀겨가 많이 나온다. 하여 쌀겨는 영양 덩어리라고 해야겠다. 벼한테 필요한 주요 성분이 거의 다 들어 있다고 보면 된다. 이렇게 양분이 많다 보니 쌀겨를 뿌리면 땅속 미생물도 먹을 게 많아 활발하게 움직인다. 다만 구하기가 쉽지 않다. 쌀 소비가 줄어드는 데다가 점차 현미를 먹는 사회 흐름도 한몫한다. 또한 쌀겨는 소 먹이로도 쓰고, 퇴비를 띄울 때 발효제로도 이용하며, 액비를 만들 때도 요긴하다 보니 구하기가 어렵다. 뿌리는 양은 논 상태에 따라 다르다. 처음으로 유기농 농사를 시작하는 논이라면 보통 평당 1kg 정도 뿌린다.

자연재배를 지향하면서 나는 외부 거름을 전혀 넣지 않는 무투입 농사를 하고 있다. 쌀 수확량은? 조금 준다. 외부에서 거름을 넣는 것에 견주면 큰 차이가 없다. 거름을 따로 넣지 않고 한다지만 그냥 내버려 두는 건 아니다. 논에서 나오는 부산물은 쌀을 빼고 다 논으로 돌려준다. 볏짚, 왕겨, 쌀겨 그리고 논두렁에서 자라던 풀까지. 이런 유기물이 논으로 들어가면 유기물을 먹고 사는 여러 생물들이 활발하게 활동을 하게 된다. 서로 먹고 먹히면서 해마다 논 생태계가 살아난다. 실지렁이는 그 수를 헤아릴 수 없이 많다. 올챙이와 잠자리 유충도 어마어마하다. 왕우렁이 역시 논에서 자라는 풀을 먹고 배설하면서 논을 거름지게 한다.

이런 논 생물들이 더 활발하게 활동하도록 하기 위해서는 겨울에도 논에 물을 댄다. 농사가 끝난 논을 다시 돌본다는 게 쉽지는 않다. 하지만 해가 갈수록 논이 달라진다.

자기만의 벼농사를

오늘날 벼농사는 그 방식이 참 다양하다. 그동안 기술이 꾸준히 발달한 부분도 있지만 벼농사를 짓고자 하는 농사꾼 처지마다 그 이유가 다르기 때문이다. 궁극적으로는 자기만의 벼농사를 개척할 필요가 있다. 볍씨도 나만의 볍씨를 이어가는 게 좋다. 규모도 그렇다. 모두에게 적정규모란 없다. 자신이 기꺼이 감당할 수 있는 규모를 찾아야 한다. 그렇지 않다면 돈의 논리에 밀려 벼농사는 점차 사라지리라.

왜 벼농사를 짓고자 하는가? 어떻게 짓고자 하는가? 자신의 철학에 따라 답은 달라진다. 볍씨 한 알에도 우주가 들어 있기에.

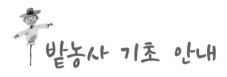

밭농사 기초 안내

장영란 | 전북 무주 산골에서 남편 김광화와 함께 손수 작은 집을 짓고 농가 살림살이를 돌본다. 『자연달력 제철밥상』, 『숨쉬는 양념·밥상』 같은 책을 쓴 뒤 음식 관련 글을 써 달라는 데가 많은데, 오랜만에 밭농사 글을 쓸 수 있어서 기뻤다고. 해마다 꽃을 피우는 뭇 생명들과 더불어 새롭고 설레는 농부로 살 수 있어 고맙다고.

창조하는 재미, 농사

해마다 2월이면 농사계획도를 그리는데 올해는 농사할 걸 생각하니 설렜다. 1996년 귀농해 98년부터 전업농이 되었으니 어느덧 이십 년이 다가온다. 뭘 좀 아니 농사가 재미있고 기대되는가!

재미있다는 건 내 머릿속 생각— 농사계획을 몸으로 하나하나 실현하는 재미다. 나는 이걸 '창조하는 재미'라 부르고 싶다. 그동안 경험을 살려 안전한 방식으로 전체를 짜면서 중간중간 무늬를 넣듯 새로운 시도도 곁들인다.

남편과 함께 농사를 짓지만 어느 때부터인가 밭농사의 전체 주관은 내가 하고 있다. 어디에 무얼 얼마만큼 지을 건지? 지금 뭘 심을 때인지? 그러다

콩밭 – 제때 심으면 저 알아서 잘 자란다.

보니 씨앗을 심는 일부터 거두어 다시 씨를 받아 갈무리하고 먹는 일까지 하나가 된다. 부부가 함께 농사짓다 보니 부부 사이가 좋아지고, 아이들과 함께 농사지으니 아이들이 부모의 고마움을 알고, 부모처럼 농사짓고 살고자 한다.

우리 밭은 무경운— 땅을 갈지 않는 농사를 기본으로 한다. 땅을 갈지 않고 농사를 하니 '다양성'을 잘 살릴 수 있다. 지난해 감자 심었던 자리에서 이삭감자가 자라나고, 아욱이나 시금치는 굳이 씨를 뿌리지 않아도 저절로 나고 자란다. 한꺼번에 밭을 갈아엎으면 한 번에 밭을 채워야 하지만, 무경운은 여기 조금 저기 조금 심어 나가기 좋다. 땅을 갈지 않으니 한 번 만든 두둑은 십여 년 그대로 이어서 쓸 수 있다. 농기구는 손 연장만 있으면 된다. 호미와 낫, 방석의자…. 요즘은 '부추낫'이라고 불리는 일본식 톱낫을 즐겨 쓴다.

아침에 일어나면 농사일부터

지난해부터 이웃들과 농사모임을 하고 있다. 모임에서 이 글에 무슨 이야기가 들어가면 좋을지 생각을 들어 보았다.

"농사를 시작하면 다 궁금하다. 그런데 책을 보고 따라 하면 현실과 다르더라. ㄱㄴ도 모르는데 너무 앞서 나간 글도 많고, 또 농사에는 변수가 많으니 그걸 일반화시켜 이야기하기 어려운 점도 있다. 너무 앞서 나가는 '무슨 농법' 이런 것보다는 일단은 뭔가를 심어 제대로 자라는 걸 경험하면서 시작할 수 있도록 하면 좋겠다."

그렇다. 이렇게 해라 저렇게 해라라는 말로 다 설명할 수 없는 게 농사다. 농사를 짓는다면, 게다가 처음 시작이라면, 아침에 일어나 맨 처음 오늘 무슨 농사일을 할까, 정하는 것부터다. 그러니까 농사에 집중하는 게 가장 중요하다고 생각한다. 눈 뜨자마자 논밭을 돌아보고, 거기서 농작물이 시시각각 변하는 모습을 지켜보며 거기에 대응하는 하루하루. 이게 가장 중요한 농사의 기초가 아닐까 한다.

당연히 귀농하면 그럴 것 같지만, 이게 가장 어려운 일이더라. 귀농! 하면 고요하게 밭에서 일하는 모습을 상상하겠지만, 이거저거 번잡스런 일이 왜 그리 많이 생기는지 밭에 며칠씩 못 가 보는 날도 있다. 내 삶에서 제1 순위가 농사인지 아닌지에 따라 그대로 드러나는 가장 '정직한 일'이 농사다.

농부가 땅을 살리면 땅이 농작물을 살리는…

농사는 생명을 기르는 일이다. 자식을 기르듯 생명은 자기 방식대로 자라게 되어 있다. 그걸 도와주면 농작물은 행복하게 살아간다. 그러자면 첫째 땅과 잘 맞아야 한다. 땅을 살리는 일이 첫째다. 농부는 땅을 살리고, 그러면 땅이 내가 심은 농작물을 살리는 그런 관계다. 지금까지 화학비료와 농약을 뿌리고 비닐을 덮었던 밭은 사실상 사막과 같다. 여기에 거름을 잔뜩 넣고 뒤섞으면 될까?

땅을 살리는 가장 좋은 길은 풀을 베어서 덮는 풀멀칭이다. 땅 거죽에 풀이 덮이면 땅속에 미생물과 지렁이가 살아난다. '토양 먹이그물'이 건강하게 살아나는 거다. 풀은 내 밭에서 자란 풀이 가장 좋다. 하지만 사막에는 풀이 별로 안 난다. 외부에서 가져다 덮어 주면 좋은데 잘 가려야 한다. 내 밭의 풀과 비슷한 밭둑이나 길가 풀은 좋다. 볏짚은 물에서 자란 거라 생강이나 토란처럼 습한 곳을 좋아하는 작물에 좋다. 소나무 낙엽은 산성을 좋아하는 블루베리에 좋고 다른 곳에는 안 맞는다. 참나무 낙엽은 괜찮지만 바람에 잘 날려 물에 흠뻑 적셔 어느 정도 삭힌 뒤 덮어 주면 좋다. 나무를 부순 톱밥은 나무와 풀이 다르다는 걸 알고 충분히 삭혀서 멀칭재로 쓰는 게 좋다.

그리고 농작물 역시 풀이다. 사람이 먹을 부분만 빼고는 모두 밭으로 돌려주는 게 좋다. 옥수수나 조, 기장 같은 벼과를 농사하고 나면 멀칭재가 넉넉해서 좋다. 또 풀을 없애야 할 대상으로 여기지 말고 이웃으로 여기면 풀은 이웃이 된다. 김을 맨다고 호미로 콕콕 뽑아내는 것보다 낫으로 풀 밑동을 베어서 덮어 주면 풀뿌리가 땅속에서 거름이 되어 준다. 밭에 나는 풀 가운데 열심히 살리고 번지게 하면 좋을 풀들이 있다. 그 하나가 쇠별꽃이

쇠별꽃

『헝그리 플래닛』이라는 책처럼 씨앗들을 모두 찾아내서 찍어 본 '씨앗 플래닛'.

다. 이 풀은 땅 위를 기어가며 자라는 풀로 농작물과 함께 살기 좋으면서 땅의 습기와 유기물이 잘 보존된다. 쇠별꽃을 한번 잘 들여다보라. 이 풀이 어떻게 유기물을 끌어안고 살아가는지를…. 그래서 쇠별꽃이 잘 자라는 땅은 거름지고, 다른 잡풀이 잘 자라지 않으며 맨땅이 드러나지 않는다.

이렇게 땅속에 먹이그물이 활성화하면 두더지가 살아가기 시작한다. 두더지가 땅속을 돌아다니다 농작물의 뿌리를 건드려, 미움을 산다. 하지만 십여 년을 두더지와 함께 살아 보니 더불어 살아갈 만하다. 두더지는 땅을 갈아주는 자연트랙터이기 때문이다. 트랙터보다 더욱 깊게 그것도 공짜로. 두더지가 살아 있는 땅은 배수도 잘되어 장마가 길어질 때면 두더지한테 고맙다.

풀을 베어서 덮다 보면 땅에는 유기물이 넉넉해진다. 한 4~5년 마음먹고 하면 땅이 살아나는데 그 뒤에도 계속한다. 이렇게 하다 보면 내 땅이 얼마나 믿음직스럽고 고마운지! 땅이 살아난 건 무얼 가지고 판단하나? 감자를 맨손으로 캘 수 있고, 마늘이 쑥쑥 뽑혀 나온다면 오케이.

그렇게 해도 땅마다 개성이 있다. 그런 땅마다의 개성에 맞춰서 농작물을 심으면 궁합이 잘 맞는 부부처럼 자식을 순풍순풍 낳는다. 참깨, 토마토처럼 습한 걸 못 견디는 아이들은 물 빠짐이 좋은 땅에, 마늘, 생강, 토란처럼 물기를 좋아하는 아이들은 습한 땅에, 뿌리작물은 돌이 없이 땅살이 깊은 곳에… 또 산짐승이 내려오는 밭이라면 산짐승이 좋아하는 걸 피해야 하고… 이걸 제대로 하려면 공부가 필요하다. 마을 어르신한테 여기에 뭘 심으면 좋은지 자문도 받고, 무엇보다 시행착오가 가장 큰 공부다.

땅을 살리는 두 번째 방법은 제때 심고 제때 북 주고 제때 김을 매 주는 것이다. 농사는 '타이밍의 예술'이다. 농사에 집중한다면 때를 맞추는 게 쉬운 일이고, 농사는 뒷전이라면 때를 놓쳐 만날 고생은 고생대로 하고 거둘 게 없는 악순환이 되풀이될 뿐이다.

심는 것만이 아니라 거두는 것도 제때가 있다. 녹두는 제때를 지나치면 다 터져 버리고, 무나 채소는 제때를 지나치면 억세지고….

제때를 어떻게 아나? 그건 마을 할매들한테 배우는 게 가장 좋다. 내가 사는 고장에 '제때'에 관해서는 이만한 전문가가 따로 없다. 봄부터 할매를 만나면 "뭐 하러 가세요?" 물어보라. 아마 발걸음을 멈추고 친절하게 가르쳐 주시리라. 심지어 "모종이 남았는데 가져다 심을텨?" 하는 로또당첨도 굴러 들어올 수 있다. 그게 안 된다면, 『자연달력 제철밥상』이 바로 그걸 다룬 책이니 이걸 참고로 나만의 농사달력을 만들어 놓자.

밭 배치는 어떻게?

자, 이제 밭 하나를 잡고 실전에 들어가 보자. 둘레에 뽕나무 성목이 있는 200평 정도 되는 집 뒤 산밭. 밭둑부터 산으로 이어져 있어 고라니가 놀러 온다. 하는 수 없이 180cm의 철망을 둘러쳤다. 그동안 고라니와 지내보면서 별의별 일을 겪고 얻은 결론이 180cm 높이의 철망이다.

무경운 밭에는 여러 가지가 섞여 살게 마련이다. 한 번에 밭을 싹 갈아엎고 심는 게 아니라 그때그때 이거 조금 저거 조금 심고 거두니 그렇다. 또 여러해살이인 대파, 도라지 등이 남아 있다. 고라니 철망 쪽으로는 덩굴을 뻗는 아이들을 돌려가며 심는다. 첫해 토마토, 둘째 해 오이, 그리고 셋째 해는 땅을 쉬라고 봄완두와 덩굴강낭콩.

농작물은 땅에서 얻어 쓰는 게 다 다르단다. 또 배추과를 심으면 배추벌레들이, 가지과를 심으면 이파리를 갉아먹는 28점무당벌레가 극성을 부린다. 그래서 땅을 돌려가며 심어 농작물 아이들이 좀 더 편안하게 자라도록 돕는다.

본밭에는 지난해는 수박, 참외, 당근. 지지난해에는 고추, 올해는 밭도 쉴겸 옥수수와 서리태 그리고 녹두를 중심으로 배치하였다. 이 글을 쓰는 7월 말, 서리태와 녹두는 다 자라 꽃을 피우고 있다. 앞으로 녹두가 익으면 베어내고 그 자리에 시금치와 쪽파를 심을 예정이다. 옥수수는 올옥수수라 다 따 먹고 그 자리에 김장배추 심을 준비를 하고 있다. 김장거리 농사를 지어 보면 알겠지만 8월에 심은 김장배추가 어릴 때 벌레를 이기려면 벌레가 먹는 속도보다 빨리 자라야 한다. 거름 기운이 엄청 필요하다. 그래서 남편이 틈틈이 토끼똥거름을 밭 위에 뿌려주고 있다. 그러니까 배추 심기 한두 달 전에 거름을 밭 위에 그냥 뿌려 주는 거다.

농사에 필요한 거름은 어떻게?

이쯤에서 거름 이야기를 해보자. 우리는 논밭 농사에 필요한 거름은 풀과 땅속 생명들이 해결해 준다는 철학을 가지고 있다. 하지만 거름 기운이 많이 필요한 몇몇 농작물을 위해 거름도 조금 마련한다.

첫 번째가 토끼 기르기다. 열 마리 남짓. 토끼는 잡식성 동물이지만 풀이나 나무순만 먹여도 잘 자란다. 먹고 남은 풀과 토끼 똥오줌이 삭아 자연발효를 하고, 이 거름을 땅 위에 뿌려 한두 달 해와 비를 맞춰 삭히면 건강한 거름이 되더라. 곡물사료를 먹여서 기르는 짐승 똥과 달리 순하다.

두 번째는 '잔 거름'이다. 여성도 쉽게 낼 수 있고 조금씩 필요한 곳에 주는 거름이라는 뜻으로 내가 만든 말이다. ①오줌거름. 오줌을 산소 없이 혐기성 발효를 시킨다. ②쌀뜨물. ③액비. 커다란 통에 깻묵+쌀겨+식초나 효소발효액 만들면서 나오는 찌꺼기+쌀뜨물을 넣어 발효시킨다. 두 통이 있어 한 통은 발효 중, 다른 한 통은 발효 끝나 사용 중.

이 ①②③은 특별히 응원해야 할 농작물에 비 오기 시작할 때 뿌려 주거나, 이파리에 닿지 않도록 조심하면서 뿌리 둘레에 뿌려 주고 물을 흠뻑 준다.

④위의 잔 거름을 주기 어려운 곳은 쌀겨나 깻묵가루를 뿌려 준다. ①②③과 달리 무겁지 않아 좋지만 대신 효과는 더디 나타난다.

요즘 들어 농사에 재미를 얻는 건 직파다. 모종보다 직파. 처음에는 모종을 많이 냈다. 아직도 봄 내내 모종을 기른다. 하지만 하나하나 직파로 바꾸고 있다. 씨에서 내리는 뿌리인 직근이 땅에 제대로 뿌리박히는 게 얼마나 중요한지 실감하니까. 특히 박과인 오이, 호박, 단호박, 박, 참외, 수박은 모두 직파가 좋다. 가뭄에 견디는 힘도 강하고, 웬만한 병충해도 거뜬히 이겨낸다. 다만 싹이 어릴 때 보호도 하고, 생육을 앞당기려 비닐 터널을 한두 달 씌워 주기도 한다.

만일 호박이라면, 겨우내 만들어 둔 호박구덩이에 4월 중순, 씨를 서너 알 넣고 활대를 X자로 꽂고 그 위에 비닐 쪼가리를 덮어 준다. 이때 비닐 사이로 바람이 통하도록 해줘야 한다. 4월 말이나 5월 초에 싹이 나면 우량한 놈 하나만 남기며 한 번 김을 매 준다. 호박덩굴이 뻗어가기 시작하고 5월

소만이 지나 아침저녁 날씨도 따뜻해지면 비닐을 걷어 낸다. 이때 액비를 물에 타서 뿌리 둘레에 한 바가지 주고 맹물을 다시 한두 바가지 부어 주면 금상첨화. 그 뒤부터는 호박이 저 알아서 잘 자란다. (만일 호박과실파리 피해가 있는 곳이라면 포도 봉지를 암꽃이 지자마자 씌워 주면 어린 과실이 보호되고 자라면 봉지가 터진다.)

　농사도 자기 철학이 필요하다. 자녀교육으로 말하자면 교육관에 해당한다. 내 새끼를 어떻게 키울까? 부모의 할일이 뭐라고 생각하나? 그러다 보니 책도 많이 보고 농사모임도 나가며 공부해 나간다. 여기에도 인연이 있는 것 같다. 처음 농사를 지을 때 보고 배운 분한테서 가장 많은 영향을 받았다. 그럼에도 가장 중요한 건 농사를 배움의 과정이라 생각하면서 나에게 맞는 농사법을 찾아나가려는 자세가 아닐까.

네 식구 일 년 먹을 자급 농사에 드는 씨

농사, 농부 하면 남성 중심이라는 걸 귀농학교 프로그램을 보면 알 수 있다. 갈무리나 농사지은 거 먹는 농가 살림살이는 맨 뒤에 구색으로 끼워 주는 정도다. 하지만 갈무리하여 그걸 알뜰히 먹는 농가 살림살이가 없으면 농사지어도 제대로 먹을 수 없다. 농가 살림살이가 있어야 씨 뿌리고 가꾸어 먹는 일이 하나가 되고 한 바퀴가 온전히 굴러간다. 씨를 준비해 심는 일은, 식구들 먹을 양을 어림잡고 거기에 맞춰 농사계획을 짜는 농가 살림살이의 시작이다. 그러려면 부부가 함께 농사를 짓고, 특히 여성이 농사를 주도해야 한다고 생각한다.

남편이 밭에 거름을 내어 밭 장만을 해주면 아내가 거기 맞춰 씨나 모종을 준비해 함께 심고, 돌아가며 김매고, 함께 거두어 남편이 날라다 주면 아내가 그걸 차곡차곡 저장하고 나누고….

『헝그리 플래닛』이란 책을 본 적이 있다. '세계는 지금 무엇을 먹는가?'라는 부제가 붙은 이 책은 저자 부부가 세계를 돌면서 한 가족이 일주일 동안 먹는 먹을거리를 한자리에 모아 놓고 사진을 찍어 보여 주는 책이다. 호주에서 시작해 아프리카 말리, 남미 에콰도르까지 24개국 30가족 600끼니를 보여 주는데, 이렇게 모아 놓는 것만으로도 말로는 다 하기 어려운 걸 보여 준다.

나도 우리 네 식구가 일 년 농사에 드는 씨앗을 한번 정리해 볼까! 도대체 자급 농사라는 걸 한다는데 그게 뭔지 이만큼 살펴보기에 좋은 자료가 없을 듯싶다. 표를 만들며 보니 만일 이 씨를 다 돈을 주고 산다면? 아마 그렇다면 자급 농사하는 데 어려움이 많지 않을까? 그래서 농사가 잘 안 돼 씨를 잃어버리면 가슴이 덜컹한다. 그럼에도 아직 사다 심는 씨도 있다.

네 식구 자급 농사

밭농사 작물	일 년 먹는 양	먹는 내용	씨앗	참고
메주콩	2~3말	메주 한 말 날콩가루, 콩국, 청국장, 순두부에 한 말	2~3공기	새가 콩 싹을 파먹을 수 있어 예비로 두세 배를 준비한다. 직파할 때는 한자리에 씨를 3알 정도 넣었다가 가장 잘 자란 놈 하나를 남긴다.
서리태	1/2말	밥에 놔먹고, 간장 달일 때 씀	1 공기	
쥐눈이 콩	1/2말	콩나물을 길러 먹고 밥에 놔먹음	1/2공기	
팥	1말	죽, 고물, 팥밥	1/2공기	
강낭콩	4~5포기	풋콩으로 밥에 놔먹음	씨 10알	
동부콩	10포기	풋동부로 밥에 놔먹고 여문 건 빈대떡을 부쳐 먹음	씨 30~40알	
갓끈 동부	4~5포기	콩꼬투리째 채소로 먹음	씨 15알	
완두	20포기	꼬투리째 쩌서 먹고, 여물면 밥에 놔먹음	한 자리에 2~3알씩 심어 4~50알	
땅콩	껍질 땅콩 2말	삶아 먹고, 음식에 넣고, 콩장 해 먹음	땅콩 200알	
녹두	한 되	해독을 위한 녹두죽 가끔	1/2 컵	
옥수수	풋옥수수 많이	여름부터 가을까지 풋옥수수 쪄 먹음	한 번에 옥수수 한 자루. 5~6차례 심는다.	열흘 간격으로 여러 차례 나누어 심어 풋옥수수를 가급적 오래 먹고 남는 건 완숙 옥수수로 익힌다.
	완숙옥수수 한 말	강냉이 한 번 튀기고(반 말 필요) 발아시켜 밥에 잡곡으로 놔먹고 옥수수차도 만들어 먹음	한 번에 옥수수 한 자루. 5~6차례 심는다.	
수수	2~3말	밥에 놔먹고 수수떡 한 번 해 먹음	이삭 하나	
감자	5~6상자	씨앗 한 상자 남기고 일 년 동안 쪄 먹고 반찬 만들어 먹음	한 상자	가을감자를 길러 이듬해 봄감자 씨로 하면 좋다.

밭농사 작물	일 년 먹는 양	먹는 내용	씨앗	참고
고구마	5~6상자	씨앗 한 상자를 저장하고 나머지는 먹음	1/2상자	고구마는 후숙하면 더욱 달고 맛있어진다. 씨앗 한 상자에서 좋은 걸로 씨하고 나머지는 봄에 또 먹는다.
야콘	4~5상자	겨우내 과일처럼 깎아서 먹고 선물하고	관아 한 상자	관아를 땅속에 묻어 저장한다.
참깨	1/2말	깨소금	1/3컵	물에 씻어 가라앉는 걸로 씨를 한다. 단, 검은 깨는 대부분 물에 뜨기에 이렇게 씨를 고르기 어렵다.
들깨	3말	기름 한 번 짜는 데 한 말*2번 들깨가루 1말	1컵	넉넉히 뿌려 어릴 때는 나물로 솎아 먹는다.
고추	15~ 20근	김장 때 7~8근 고추장 4~5근 봄부터 김치와 양념에 4~5근	씨 고추 서너 개	씨앗용으로 말려 놓은 고추에서 씨를 발라내 150포기 기른다.
오이	여름부터 가을까지 달리는 대로	반찬 해 먹음	오이씨 20알	늙은 오이 한 개에서 씨를 받아 두었다가 7~8포기를 심어 기른다.
토마토	여름 내내 달리는 대로	여름에 날마다 토마토 먹고 남는 건 토마토소스로 10여 병 저장	잘 익은 토마토 한 알에서 씨 30~40알	20~30포기 기른다.
호박	애호박 달리는 대로, 단호박은 초가을 달리는 대로, 늙은 호박 3~4덩이	애호박은 반찬 해 먹고 말려 놓고 단호박은 쪄 먹고 늙은 호박은 겨울에 별미로 먹음	호박 별로 씨 대여섯 개	애호박 2포기 단호박 2포기 늙은호박 2포기 정도(한 자리에 씨를 3~4알 넣었다가 좋은 거 하나를 남긴다.)

밭농사 작물	일 년 먹는 양	먹는 내용	씨앗	참고
수박	달리는 대로	여름 과일로 먹음	20알 정도	호박처럼 심어 7~8 포기를 키운다.
참외	달리는 대로	여름 과일로 먹음	15알 정도	호박처럼 심어 4~5 포기를 키운다.
마늘	400~ 500통	양념으로 먹음	씨마늘 한 접	마늘 심을 때 마늘 종이 익은 주아를 통째로 심으면 거기서 아기 통마늘이 달린다. 이게 씨마늘이 된다. 그래서 마늘밭 한쪽에 주아를 심어 씨마늘을 기른다.
상추	봄가을로 보자기만큼		씨 한 자반	
조선 배추	먹을 만큼 넉넉히	가을에 뿌려서 솎아 먹다가 이른 봄에 먹음	씨 한 컵	흩뿌려 키운다.
시금치	먹을 만큼 넉넉히	가을에 빈 밭에 뿌려서 늦가을, 이른 봄에 먹음	뿔시금치 한 컵	
대파	되는 만큼		씨 1컵	대파가 많으면 좋다. 여기저기 뿌려서 기른다.
토란	조금	토란국 끓여 먹음	20알	

*이 밖에 여러해살이 구근인 미나리, 머위, 부추, 파드득나물, 쪽파, 달래, 도라지, 더덕, 돼지감자, 방풍나물, 서양 허브류를 조금씩 기르면 밥상이 풍성하다.

갈무리 팁

마지막으로 곡식농사를 소소히 하면 손으로 털어야 한다. 옛날 할머니들이 하듯이. 우리 부부는 이렇게 한다. 조와 기장은 이삭만 똑똑 따서 잘 펼쳐 말린 뒤 그 위에서 트위스트를 추면서, 그러니까 신발 바닥으로 비벼 턴

가을바람에 티를 날려 보내고 알곡을 추려 낸다.

다. 수수는 이삭에서 한 뼘쯤 길게 자른 뒤 잘 말린 다음 바닥에 장작을 놓고 수수이삭을 장작에 두드려 턴다. 참깨와 들깨는 밑동을 잘라 잘 말린 뒤 거꾸로 들고서 작대기로 턴다. 옥수수는 껍질을 벗겨 말린 뒤 젓가락으로 한 줄을 훑어낸 다음, 손으로 비벼서 턴다. 밀과 보리 그리고 콩과 팥은 도리깨로 내려쳐 턴다. 녹두는 먼저 익은 건 한두 차례 손으로 따고, 그 다음은 베어서 턴다.

이렇게 손으로 털면 돌과 이물질이 섞이게 마련이다. 키질을 해서 이물질을 가려내거나, 바람에 날려 알곡을 추려 낸다. 조, 기장, 수수, 보리와 밀은 그 다음에 방아를 찧으면 되고, 참깨, 들깨, 팥, 녹두는 맹물에 얼른 씻어 일어 다시 바싹 말리고, 콩은 편편한 상에 한 움큼씩 올려놓고 상을 기울여

도르르 구르는 콩을 중심으로 한 알 한 알 가려 낸다.

곡식들과 씨는 바싹 말려 밀폐 용기에 넣어 보관하면 벌레가 나는 걸 막을 수 있다.

고구마와 감자 그리고 야콘은 캐는 날 햇살소독을 시키고, 며칠 그늘에 말리면서 물러지는 걸 추려 내고, 골판지 상자에 신문지를 중간중간 깔아 가며 한 켜씩 담아 보관한다. 감자는 어둡고 서늘한 곳에 고구마는 따뜻한 곳에 둔다.

땅콩은 꼬투리를 따서 깨끗이 씻은 뒤 말린다. 꼬투리 속에 든 땅콩 알까지 다 마르려면 한 달가량 햇볕과 바람이 잘 통하는 처마 밑에 펼쳐 놓고 바싹 말려야 한다. 만일 잘 안 마른 땅콩이 있거나 쭉정이가 섞여 있으면 그것 때문에 상하기 시작한다.

씨앗농사

오도 | 풀무농업고등기술학교 생태농업 전공부에서 농업교사로 일한다. 유기농업을 하는 부모님 밑에서 호되게 배운 농사일과 일본의 게이센 원예대학에서 배운 정원 만들기를 텃밭 정원 속에 담으며 소농의 길을 걷고 있다. 책 『텃밭정원 가이드북』, 『씨앗받는 농사 매뉴얼』, 『지킬의 정원으로 초대합니다』를 썼다.

농사의 시작은 '흙'이다. 그리고 농사의 시작은 '씨앗'이기도 하다. 채소들이 뿌리를 내리고 살 수 있는 흙, 양식과도 같은 퇴비가 준비되었으면 씨앗을 뿌린다. 한 해 농사는 봄부터 시작한다고들 생각하지만, 채소 씨앗은 지난해 가을부터 시작한다고 해도 과언이 아니다. 봄부터 꼬물꼬물 올라온 싹이 자라서 여름의 온기를 받아 가을이면 잉태를 하고 씨앗을 남긴다.

대부분 사람들은 채소나 과일이 보기에 좋은 것을 고르겠지만, 땅을 일구는 농부들은 그렇지 않다. 모양이나 색깔, 맛 심지어는 원산지까지 확인하면서 씨앗에 집중한다. 경험 많은 농부는 고추 하나만 심더라도 한 종류의 씨앗만을 사지 않는다. 그 지역에 맞는지 시험하기 위해 서너 종류의 고추를 심는다. 그렇게 함으로써 농사짓는 해에 따라 탄저병이나 진딧물이 와서 큰 피해를 입을 때 일부분이라도 지킬 수 있다.

농부는 씨앗을 받는다

고추 농사는 새해가 시작되는 2월 즉 구정을 전후로 씨앗 침종(浸種)을 한다. 지금은 씨앗을 종묘상에서 사는 것이 당연한 일이 되었다. 양은대접에 촉촉하게 적신 천을 깔고 씨앗을 넣은 다음 따뜻한 아랫목에서 이불을 덮어 싹을 틔우던 일도 이제는 하지 않는다. 전기와 비닐(전열온상)만 있으면 모든 것이 해결되는 아주 편리한 세상이기 때문이다. 우리 할머니가 그랬듯이 씨앗을 받고, 우리 어머니가 그랬듯이 씨앗을 뿌리는 시대는 낡은 구닥다리 농사가 되어 버렸다.

우리의 정성과 노력, 이야기를 담아내는 농사가 아닌, 돈을 만들어 내는 농사가 되어 버린 탓이다. 그중에 대표적인 것이 고추 농사가 아닐까라는 생각이 든다. 예전에는 토종고추(대화초, 칠성초, 수비초 등)도 많이 심었는데, 실

옛날부터 재배되어 온 토종고추

제로 농사를 지어 보니 수확량이나 크기에서 크게 뒤지지 않는다.

하지만 요즘에는 탄저병을 막기 위해 어마어마하게 큰 하우스를 짓고 하우스 농사에 맞는 품종들이 개발되어, 돈을 벌기 위한 농사로 전락해 버렸다. 토종고추는 크기나 수확량에 있어서 종자회사에서 개발한 것에는 분명 뒤지기는 하지만, 우리들의 입맛과 정서에는 대화초나 칠성초, 수비초 같은 토종고추가 잘 맞는 것 같다. 누구도 돈이 안 되는 농사를 하고 싶어 하지는 않지만, 누군가는 해야 하고 지켜야 하는 것이 '씨앗' 아닐까? 그래서 농부들은 씨앗을 받는다.

이야기가 있는 씨앗

씨앗을 받아야겠다는 결심을 한 동기는 2003년 봄 풀무학교 생태농업전공부에서 원예교사로 일을 하면서부터이다. 보통 원예라고 하면 꽃과 나무를 심고 가꾸는 일로만 생각하지만, 넓은 의미에서 보면 텃밭 수준의 작은 밭도 정원의 일부로 포함시켜 '텃밭정원(Vegetable Garden)'으로 원예의 범주 안에 들어간다. 텃밭에 채소와 꽃을 함께 심는 개념이면서 서로 좋은 영향을 주면서 잘 자라게 하는 것이다. 유기농업에도 도움이 되면서, 정원처럼 예쁘게 관리할 수 있는 장점이 있다.

3월 초 학생들과 텃밭에 심을 작물을 고르고 씨앗을 찾던 중, 정말 놀라운 사실을 알게 되었다. 새해에 가장 먼저 씨앗을 침종하고 모종을 키우는 채소가 고추라면, 완두콩과 감자는 새해에 가장 먼저 텃밭에 씨앗으로 심는 채소다. 완두콩을 심기 위해 꽁꽁 언 땅을 뒤엎고, 두둑을 만든 다음 봉투에서 씨앗을 손에 덜었을 때의 충격은 아직도 생생하다. 늘상 먹어 오던 초록색이 아니라 너무나 생소한 분홍빛이 들어간 주황색 덩어리들이었다. 손에 물기나 땀이라도 나 있으면 손이 주황색으로 물들어 버렸다.

주황색의 정체는 바로 살충제. 종묘상에서 판매하는 씨앗에는 살충제를 뿌린다고 한다. 불량한 씨앗으로 변하지 않게 하기 위해서, 또 씨앗을 벌레가 먹지 않도록 하기 위해서다. 씨앗은 식물체가 자기 자신을 보존하기 위해서 만들어 내는 최고의 영양 덩어리이기 때문에 사람에게는 물론이고 벌레들에게도 최고의 음식이 된다. 그러다 보니 씨앗이 곧 돈이 된 사회에서는 갖가지 방법을 동원해 판매에 지장이 없도록 처리를 한다.

최근에는 너무 작아서 눈에 잘 보이지 않거나 손으로 뿌리기 불편한 씨앗들을 코팅해 크기를 키우기도 하고, 파란색·분홍색 등 염색액과 살충제로 버무려 원래 씨앗이 가진 모습을 찾을 수 없게 둔갑시키기도 한다. 벌레 피해를 막기 위해서이기도 하지만, 농민들이 대부분 고령이기 때문에 작업의 효율성을 높이기 위해서이기도 하다.

일하기 편할지는 모르겠으나 살충제와 염색액으로 처리한 씨앗이 좋을 리는 없다. 게다가 종묘 기업들은 F1 씨앗을 만들어 내서 씨앗을 더 이상 받아서 쓸 수 없도록 만들어 버렸다. 씨앗을 더 이상 받을 수 없으니, 해가 갈수록 씨앗 값은 오르고 종묘상에 의존해서 농사를 지을 수밖에 없는 현실이 되어 버렸다.

완두콩 씨앗에 버무려진 살충제에 놀라고, 한 박스에 5만 원씩 하는 씨감자 가격에 놀라고, 터무니없이 비싼 양파씨 가격에 놀란다. 종묘상에서 구입한 F1 양배추 씨앗을 뿌려 몇 천 개나 되는 씨앗 꼬투리를 얻었지만, 일일이 까서 겨우 얻어낸 75개의 씨앗, 그리고 더 놀라운 것은 F1 씨앗에서 얻은 75개의 씨앗을 다시 뿌려서 얻은 몇 천 개의 씨앗 꼬투리에서는 한 알의 씨앗도 얻지 못했다는 사실이다.

이제는 종자회사에서 아예 씨앗을 받지 못하도록 비도덕적인 방식으로 농민들의 주권을 빼앗아가는 셈이다. 씨앗을 빼앗기는 일은 나아가서 씨앗 속에 깃든 수천 년 동안 이어져 내려온 우리들 삶의 추억도 같이 빼앗기는 것이다. 씨앗을 뿌리고, 김을 매고, 열매를 거두고, 다시 씨앗을 갈무리하며 나누었던 애환들을 송두리째 빼앗기는 것이다.

자가채종

씨앗을 지키기 위해 농부들은 스스로 씨앗을 받는다. 농부의 손에 의해 씨앗이 밭에 심기면 싹이 나고, 꽃을 맺는다. 그리고 열매가 열리면 바로 씨앗이 되기도 하고, 열매 속에 씨앗이 들어 있기도 하다. 식물 한 포기에서 맺히는 씨앗의 개수는 한 개에서부터 수백 개에 이르기까지 정말 다양하다.

하지만 요즘 식물들, 특히 채소의 경우는 씨앗을 받아 뿌리면 원래 채소와 전혀 다른 모양의 채소가 자라기도 한다. F1 씨앗 육종이 진행되면서 씨앗은 농부의 손을 떠나 종묘회사로부터 돈을 주고 구입하는 상품이 된 것이다. 이에 따라 재배 기술은 단순화되고, 공부에 대한 농가의 의지도 점점 낮아진다. 씨앗을 받는 기술은 농가 기술이 아닌 기업 기술이 되어 버렸다.

내년에 밭에 심기 위해 처마 밑에 걸어 두었던 옥수수는 점점 추억 속 한 장면이 되어 간다. 옛날에는 농가에서 농가로, 윗대에서 아랫대로 물림을 받아 씨앗을 심었다. 그렇다면 다시 옛날 어른들에게 물으며 지금이라도 씨앗을 받기 시작하면 되지 않을까. 우리에게는 아직 흐릿하게 남은 어릴 적 기억들이 있다. 부모님을 따라다니며 했던 콩 타작, 깨 털기, 벼 베기 등. 그 모든 것이 수확이자 동시에 채종이었다. 우리가 먹는 것이 바로 씨앗이고, 그 씨앗을 조금씩 남겨 두었다가 심으면 다시 씨앗이 되는 것이다.

잘 익은 다양한 토마토들

오이는 노각이 되면 따서 씨앗을 받는다.

우리에게는 아직 농사를 짓는 이웃 할머니들이 계신다. 시집올 때부터 고집스럽게 지켜 오신 훌륭한 씨앗들이 그분들 손에 있다. 그분들을 찾아다니며 씨앗을 모으고 그분들의 이야기를 모으며 우리들 나름의 씨앗을 지키다 보면 다시 우리 아이들에게 건강한 씨앗을 물려줄 기회를 되찾을 수 있지 않을까.

씨앗을 받기 위해 별도의 공간이 꼭 필요한 것은 아니다. 텃밭에서 채소를 키우다 먹기 좋게 익은 열매를 몇 개 따 두었다가 씨앗을 받으면 된다. 토마토는 자가수분(한 송이의 꽃 안에서 수분이 이루어짐)을 하기 때문에 같은 두둑에 여러 종류의 토마토를 심어도 되고, 가장 먹기 좋게 익은 열매를 한두 개 따서 씨앗을 받는다. 하나의 열매에 20개에서 많게는 100개의 씨앗이 들어 있기 때문에 아주 간단하게 받을 수 있다. 게다가 씨앗이 가진 수명도 길어서 3년에 한 번만 받으면 되는 편리함도 있다.

토마토처럼 씨앗을 받기 쉬운 채소로는 같은 가지과 채소인 피망과 고추가 있다. 이 둘은 모두 자가수분을 하기 때문에 품종 간의 격리도 거의 필요하지 않고, 가장 잘 익은 상태의 열매를 따서 일주일 정도 후숙을 시킨 후 반으로 갈라 씨를 골라내기만 하면 된다.

오이와 완두콩도 씨앗을 받기 쉽다. 오이는 한두 개를 남겨 두었다가 노각이 되면 따서 그늘에 일주일 정도 후숙시킨 후 반으로 갈라 씨를 발라낸다. 완두콩은 밥에 넣어 먹거나 쪄서 먹을 것은 미리 수확하고, 필요한 만큼의 씨앗 개수를 생각해서 꼬투리를 남겨 둔다. 남겨 둔 꼬투리가 노랗게 변하고 손으로 흔들어 봤을 때 달그락 달그락 소리가 나면 수확해서 냉동실에 저장했다가 이듬해 봄에 뿌린다.

지금 우리가 씨앗을 받을 수 있는 것부터 하나둘 해나가다 보면 언젠가는 다시 농민의 주권을 되찾을 것이다. 자본의 논리가 늘 그렇듯 씨앗의 세계화도 이미 진행된 것이 사실이다. 하지만 그 자본의 논리에 순응하지 않고, 끊임없이 우리의 땅과 밥상을 지키는 사람들이 농부라고 생각한다. 옛날 우리 할머니와 어머니가 그러했듯이 분명 우리의 몸속에도 씨앗을 받고, 키질을 하고, 깨끗하게 갈무리해서 내 자식들에게 먹일 씨앗을 갈무리해 두던 농부의 유전자가 존재하리라고 생각한다. 그래서 누구나 할 수 있는 일이 '씨앗 농사'라고 생각한다.

농부 육종가를 위한 기초 지식

식물은 자신의 종족을 남기기 위해 씨앗을 남기기도 하고, 뿌리·줄기·잎의 일부분을 이용해 또 하나의 개체를 만들어 내기도 한다. 씨앗으로 번식하는 경우는 꽃 한 송이 안에서 수분이 이루어지는 자가수분(自家受粉)과 다른 꽃이나 작물에서 꽃가루를 받아 씨앗을 맺는 타가수분(他家受粉)으로 나

넌다. 타가수분일 경우에는 같은 꽃에서 꽃가루를 받지 않도록 하기 위해 근친 간의 교배를 막는 것이다. 이를 자가불화합성(自家不和合性) 방식이라고 한다.

옛날부터 농부들이 자기들만의 방식으로 자가채종을 해온 방식은 선발에 의한 육종이다. 쉽게 말하면 열 포기의 오이를 심었으면 그중에서 모양이 가장 예쁘고 맛이 좋은 오이를 서너 포기 점찍어 두었다가 그중에서 가장 크고 예쁜 모양의 오이가 노각이 될 때까지 남겨 두었다가 씨를 받는 것이다. 이듬해에는 그중에서 씨앗이 가장 잘 여문 것을 골라 심고 그중에서 또 모양과 맛이 좋은 오이를 골라 심는 것이다. 간단하면서도 누구나 할 수 있는 방법으로 옛날부터 전해 내려오는 전통적인 육종법이다.

자가수분하는 작물로는 콩과·가지과·벼과 채소들이 있다. 벼과 중에서 옥수수와 호밀은 예외로 타가수분 작물에 속한다. 이 밖의 채소들은 대부분 타가수분에 속하는데, 타가수분 작물이 많은 이유는 근친교배에 의해 생육이나 번식력이 약해지는 현상을 막기 위해서다.

자가수분 작물은 대부분 자기 꽃 안에서 수분이 모두 이루어지기 때문에 교잡의 우려는 없지만 고추나 벼처럼 약간의 타가수분 우려가 있는 경우가 있다. 이 경우에는 품종 사이 거리를 충분히 두거나 계단이 있어서 바람에 꽃가루가 바로 옮겨가지 않도록 하는 방법을 택한다. 경우에 따라서는 품종과 품종 사이에 키가 큰 다른 작물을 심어 장벽을 만들거나 시간차를 두고 씨를 뿌려서 꽃이 피는 시기를 다르게 하는 방법도 있다.

타가수분 작물로는 주로 십자화과 채소인 무, 배추, 양배추 등과 박과 채소인 오이, 호박, 수박, 참외 등이 있다. 이들 채소는 타가수분을 하기 때문에 지레 겁을 먹는 경우가 많은데 다행히도 다른 채소의 씨앗들에 비해 수

가지과 채소

십자화과 채소

박과 채소. 호박과 오이는 수꽃과 암꽃이 확연하게 구별된다.

영양체 번식 채소

명이 길어서 작물별로 한 해에 한 품종의 씨앗만 받으면 씨앗 받는 일을 충분히 이어갈 수 있다.

작물 뿌리나 줄기, 잎 등 모체의 일부분이 분리되어 발육하는 영양체 번식 채소는 고구마, 감자, 마늘, 생강 등이 있다. 영양체 번식 채소들은 수확 후 겨울 동안 얼지 않도록 잘 보관하면 얼마든지 계속해서 번식을 할 수가 있다.

교잡을 막는다

자가수분 작물은 교잡의 우려가 거의 없지만 타가수분 작물, 그중에서도 십자화과 채소는 순수한 씨앗을 받기 위해서 이른 봄, 꽃대가 올라오고 꽃이 피기 전에 한랭사를 씌워 주는 게 좋다. 물론 한 품종만 심으면 격리가 필요 없지만, 주변 밭이나 농가 주변에 남아 있던 배추나 갓, 유채 등이 있을 수 있다. 이 경우는 무작위로 피기 때문에 사람의 힘으로 막기에는 역부족이다. 만약의 경우를 대비해 한랭사를 씌우는 것이 안전하다. 한랭사를 씌우면 사람이 들어가 핀셋으로 수술을 따서 다른 꽃의 암술머리에 꽃가루를 묻혀 준다. 수분용 벌을 넣어 줄 수도 있는데 큰 면적일 경우에는 벌통을 넣기도 하지만, 작은 규모일 경우에는 꿀벌을 잡아서 넣는다. 꿀벌을 넣을 때 박하사탕과 물 또는 꿀물을 같이 넣어 주면 한 달 정도는 꿀벌 도움을 받을 수 있다.

타가수분 작물인 박과 채소는 한 포기 안에 암꽃과 수꽃이 따로따로 달린다. 암꽃은 꽃을 단 열매가 처음부터 보이기 시작하고, 수꽃은 열매 없이 꽃만 핀다. 그렇기 때문에 꽃이 피기 전에 암꽃과 수꽃을 확실히 구별할 수 있다. 자연교잡을 막기 위해서는 암꽃이 피기 전인 저녁에 암꽃에 봉지를 씌우고, 이른 아침에 수꽃을 따서 암꽃 봉지를 열고 암술머리에 수술을 묻혀 준다. 수분을 시킨 후에는 다른 곤충이 오지 못하도록 다시 봉지를 씌워 준다. 이때 꽃가루는 유전자의 폭을 넓히기 위해 여러 포기의 꽃가루를 이용하는 것이 좋다. 수분이 돼서 열매가 골프공만 한 크기가 되었을 즈음에 봉지를 벗겨 주면 된다.

씨앗을 받기 위해서는 기다리는 연습이 필요하기도 하다. 대부분의

타가수분 작물에 씌우는 한랭사(배추)

채소들이 겨울(저온)을 지나야만 꽃을 피운다. 겨울이 지나 봄이 되면 꽃이 피고, 6월 중순경부터 씨앗이 여물기 때문에 비가림이 필요하기도 하다. 우리나라는 씨앗이 여물 때 장마와 겹칠 우려가 있기 때문에 무, 배추, 당근, 양파 등 몇몇 작물은 온실 안에 심는 것도 좋은 방법이다. 대부분 씨앗 꼬투리가 달린 줄기를 밑둥 부분에서 잘라 바람이 잘 통하는 그늘에서 거꾸로 매달아 말리는 것이 좋다. 햇빛에 직접 닿으면 씨앗 안의 단백질이 파괴될 우려가 있다.

씨앗 저장하기

씨앗은 받는 일만큼이나 저장 또한 중요하다. 그러기 위해서는 우선 잘 말려야 하고, 용기를 잘 선택해서 담아 두어야 한다. 투명한 유리병이나 종이봉지 또는 비닐팩에 넣어 냉장고에 보관하는 것이 일반적이지만, 시골 할

머니들은 주로 투명한 페트병에 넣어 상온에서 보관한다. 심지어 벌레가 아주 잘 생기는 팥이나 녹두도 같은 방법으로 보관한다. 할머니들 말씀으로는 '바람이 들면 벌레가 생긴다'고 한다. 즉, 씨앗이 잘 마르면 바로 페트병에 넣어 두라는 얘기다.

옛날에는 천보자기에 싸서 시원한 지하실이나 다락방에 두었지만 요즘은 좀 다르다. 흙을 파서 만든 지하실은 없어진 지 오래고 다락방 또한 지금의 집 구조에서는 찾기 어렵다. 최근에는 국가기관인 종자은행에서 보관하는 경우도 많다. 하지만 종자은행에서는 말 그대로 오랜 세월 냉장고에서 가만히 저장을 하기 때문에, 시시각각으로 변하는 환경에 적응하는 능력이 떨어지게 된다. 예를 들어 10년 전, 50년 전, 100년 전에 재배한 고추는 지금보다 추운 기후에서, 지금보다 더 깨끗한 물로, 지금보다 더 맑은 공기라는 환경 조건에서 자랐을 것이다. 그런 환경에서 자란 고추씨를 종자은행에서 받아다가 토종씨앗이란 이름으로 지금 뿌린다고 했을 때, 그때의 형질을 그대로 간직한 열매를 수확할 수 있을지 의심스럽다.

지금 우리들의 밭에서, 우리들이 지켜 온 채소의 씨앗을 받아서 종자은행이 아닌 농부들이 필요할 때 바로바로 빌릴 수 있는 '씨앗 도서관'이 마을마다 생긴다면 어떨까. 살충제와 GMO 씨앗으로부터 우리 아이들의 미래를 지키기 위해 필요한 대안이 아닐까, 라는 즐거운 상상을 해본다.

세 번째 문턱, 판로

내가 구상한 기본소득, 꾸러미

정영희 | 충남 홍성에 귀농하여 10년째 농사지으며 살고 있다. 농사짓는 일이 가치 있고 즐겁지만 핵발전이나 미세먼지, 밀려오는 GMO 식품 등을 생각하면 농사만 짓고 있는 일도 불편하다. 그래서 녹색당이나 마을의 모임들에 나가 바른 목소리를 보태고, 또 위로도 받으며 산다.

농사지으며 사는 삶

살면서 잘한 것 중에 하나를 꼽으라면 귀농이라 할 수 있겠다. 좀 더 이른 나이에 귀농하지 못한 것을 아쉽게 생각하는데 그러지 못한 이유는 농사지어 벌어먹고 산다는 것을 상상할 수 없었기 때문이다. 농사지어 어떻게 돈을 벌 수 있겠는가? 돈을 벌 수 없는데 어떻게 살 수 있겠는가? 언제부터였는지 그런 단순한 생각 속에 빠져 살았던 것 같다.

도시에 살면서 품었던 목표는 돈을 좀 더 모아 전셋집을 내 집으로 만드는 것이었다. 내 집을 마련한 다음에는 한숨 돌리고 무엇이든 의미 있는 일을 할 수 있으리라 믿었다. 나는 돈을 벌기 위해 있는 힘껏 달렸다. 그러는 동안 다른 아무것도 생각할 수 없었다. 만약 달리기를 하다가 넘어지는 일이 없었다면, 나는 여전히 도시에서 코를 박고 돈 버는 일에 열중해 있을 것이다.

도시생활이 힘겨워 전원생활을 꿈꾸기 시작했을 때도 시골에서 농사를 지어 먹고사는 방식은 꿈도 꾸지 않았다. 몸만 시골로 옮길 뿐, 도시에서 하던 일을 그대로 싸들고 가서 사는 방식을 생각했다(이런 방식이 나쁘다고 생각하지 않는다). 농사를 지어 먹고사는 삶에 대해 나는 이미 아주 어린 나이에 단념해 버렸다. 부모님은 평생 뼈 빠지게 일하고도 늘 빚더미 속에서 허덕였으니까.

농촌에서 농사를 지어서도 먹고살 수 있겠구나, 하고 상상할 수 있었던 계기는 스콧 니어링 부부의 『조화로운 삶』이라는 책을 읽고 나서였다. 귀농운동본부의 귀농교육을 받으면서부터 그 꿈은 구체화되었다. 시골에서 무리하지 않게 농사지으면서 단순 소박하게 살 수 있다는 말은 내게 신선한 충격이었다. 내가 두려워했던 것은 단순 소박한 삶이 아니라, 아주 많이 힘들게 일하고도 나아지는 것이 없는 피폐한 삶이었다. 사실 나는 단순 소박한 삶을 동경했다. 단순 소박한 삶을 살 각오만 있으면 된다니 쉬운 일 아니겠는가? 시골에 와 보니 과연 가능했다.

꾸러미를 하게 된 이유

시골엔 공짜가 많다. 산과 들에 쑥과 냉이와 뽕잎과 미나리와 돌나물과 오디와 밤 등이 지천이다. 반찬거리가 널려 있고 논농사를 지으니 식비가 별로 들지 않는다. 옷은 도시에서 보내온 것으로도 넘쳐나고, 병원에 갈 일도 별로 없고, 아이들 교육은 학교와 자연과 도서관과 이웃이 해결해 주고, 굳이 또 다른 시골을 찾아 여행할 일도 없으니 도시에서 살던 생활비 삼분의 일도 들지 않는다. 그래도 돈이 조금은 필요하다. 그 돈을 어떻게 마련하면 좋을까?

귀농을 한 지 올해로 딱 10년째이다. 처음 3년은 직거래를 했다. 쌀이 나오면 지인들에게 쌀을 사라고 하고, 감자가 나오면 감자를, 고구마가 나오면 고구마를 사라고 했다. 처음 한두 해는 잘 사 주었다. 그런데 시간이 지날수록 지인들도 내 농산물만 사 주지 못했다. 그들은 조금씩 우리를 잊거나 싫증을 느끼는 것 같았다. 매번 어떤 농작물이 나올 때마다 문자를 보내고 전화를 거는 일이 버겁고 부담되기 시작했다. 좀 더 안정적이며 쉬운 다른 방식이 필요했다.

농사지은 것을 팔아서 돈을 마련하는 일은 정말이지 쉽지 않다. 나에게는 농사를 짓는 일보다 파는 일이 더 어렵다. 농사는 이웃에게 물어물어 하면 되지만, 파는 일은 그렇지 않다. 게다가 파는 일이 보장되지 않으면 불안하

기 때문에 농사짓는 일도 더 힘겹게 느껴진다. 많지는 않아도 판로가 보장되고, 자동으로 매달 일정한 수입이 들어온다면 농사짓는 일은 한결 가볍고 편안해진다. 그래서 귀농 4년째 되는 해부터 꾸러미를 계획했다. 홍보는 새롭게 만든 블로그와 전국귀농운동본부 홈페이지에 했다. 귀농운동본부를 통해서 들어오는 꾸러미 회원을 나는 좋아한다. 농산물을 어떤 마음으로 나누어야 할지 그야말로 준비된 회원이 많기 때문이다. 회원이 모집되니 농사 규모가 정해지고, 남은 일은 열심히 농사짓고 나누는 일만 남게 되어 몸도 맘도 가벼웠다. 회원 모집을 하고, 나눔을 할 때 원칙을 정하는 것은 중요한데 조금 소개해 보겠다.

꾸러미 원칙

꾸러미를 하기 전에 어떻게 농사를 짓는지, 어떤 생각으로 나눔을 할 것인지를 분명하게 밝힐 필요가 있다. 주고받는 사람들이 기대가 서로 다르면 중간에 불협화음이 생기거나 오래가지 못하기 때문이다. 나는 꾸러미를 시작하기 전에 내가 제시한 원칙을 충분히 숙지할 것을 당부했다. 그럼에도 농산물을 받은 사람 중 꾸러미 안에 든 명아주를 보고는 "어떻게 이런 흔하디 흔한 풀을 먹으라고 보낼 수가 있느냐?"며 따지고 그만둔 사람도 있었다. 지인의 소개로 시작한 사람인데, 충분한 소통이 없었고 다른 기대를 가진 사람이었던 모양이다. 사람들과 소통하고자 한 것은 아래에 적은 것들이다.

이렇게 농사를 짓습니다.

1. 제초제를 포함한 농약과 화학비료를 사용하지 않습니다. 나아가 유기농약재라도 사용을 자제하여 작물이 스스로 병과 벌레를 극복하도록 돕습

니다. 윤작과 콩과 식물을 이용한 농사를 시도하여 땅을 건강하게 하고 벌레 피해를 적게 하려고 노력합니다.

2. 제철 농산물로 꾸러미를 채웁니다. 비닐하우스에서 키우지 않고, 비닐 멀칭을 하지 않습니다. 밭에 비닐을 덮고 작물을 심으면 풀도 막을 수 있고 수분도 오래 유지할 수 있습니다. 그런데 비닐멀칭을 하면 땅속이 너무 더워 미생물들은 사는 게 그야말로 죽을 맛이라고 합니다. 농사는 알고 보면 미생물이 짓는 것이기 때문에 미생물이 살아갈 환경을 건강하게 하는 것이 건강한 농산물을 만드는 방법입니다. 그리고 무엇보다 비닐 사용을 자제하는 것이 환경을 덜 파괴하는 일이 되겠지요.

3. 퇴비나 유기농비료라도 많이 뿌리지 않습니다. 농약과 화학비료만 몸에 해로운 것이 아니라, 퇴비나 유기농비료라 해도 과하게 주면 몸에 해롭습니다. 퇴비나 비료 속에 있는 질산염이 작물을 통해 사람 몸에 많이 들어오게 되면 산소공급을 방해하여 건강에 해롭습니다. 퇴비나 유기농비료를 적게 주면 작물의 크기가 작거나 못나 보일 수 있으나 몸에는 더 이롭습니다.

4. 토종씨앗을 심으려고 노력합니다. 현재 우리나라의 씨앗가게에서 파는 종자는 모두 농약에 푹 담가 소독한 씨앗들입니다. 할머니들의 할머니로부터 전해 내려온 환경에 잘 적응한 건강한 씨앗을 심어서 여러분과 나누고 싶은 것이 저의 소중한 바람입니다. 지금은 토종오이, 호박, 강낭콩, 콩, 땅콩, 파, 쪽파, 시금치, 아욱, 상추 등으로 미미하지만 점점 더 많은 토종씨앗으로 농사를 짓고 싶습니다. 토종씨앗을 심어야 하는 더 중요한 이유는 다양한 씨앗을 보존해야 하기 때문입니다. 특히 우리나라는 현재 세계에서 식용 유전자조작 식품 수입 1위 국가이며, 국가에서 유전자조작 식품을 시험 재배, 상용화할 계획을 하고 있습니다. 씨앗을 지키는 사람들이 많아지지 않

으면 우리의 미래가 어둡습니다.

5. 가꾸지 않아도 들과 산에 저절로 자라는 것들을 채취해서 보내드립니다. 쑥과 냉이, 뽕잎, 질경이, 머위, 비름나물, 명아주 같은 것들은 재배한 것보다 생명력이 더 강해서 몸에도 이로울 것입니다.

자연이 주는 대로 보내드립니다.

1. 모양이 크거나 좋은 것을 따로 선별하여 보내지 않습니다. 더 거칠 수도, 벌레가 많이 먹을 수도, 손질하는 데 손이 많이 갈 수도 있습니다. 먹을 수 있는 정도이고 영양 면에서 문제가 되지 않는다면 자연이 주는 대로 드립니다.

2. 비바람이 부는 등 작업을 할 수 없는 환경이거나 휴일일 때는 보내는 날짜를 하루 이틀 당기거나 늦출 수 있습니다.

3. 약속한 물품이 날씨나 여러 환경 요인으로 수확할 수 없게 되었을 때는 보내드리지 못하거나 대체할 수 있습니다. 예를 들어 비가 많이 와서 호박이 열리지 않으면 호박잎을 보내드립니다.

4. 물품을 담는 박스나 포장지는 재활용박스나 재활용비닐, 신문지이므로 보기에 좋지 않을 수 있습니다. 스티로폼 박스를 사용하지 않으므로 날씨의 영향을 덜 받는 것을 주로 보내드립니다.

그 밖의 중요한 것들

한 번 원칙을 정하고 소통했다고 해도 그것은 곧잘 잊혀지거나 희미해진다. 그래서 꾸러미를 보낼 때마다 편지를 쓰는 일은 중요하다. 편지를 너무 어렵게 쓸 필요는 없다. 이번 달에는 어떻게 농사를 지었는지, 지금 들판의 사정은 어떠한지, 농사에 관련된 어떤 생각을 하는지를 이야기하면 된다. 그것은 단지 내 농산물에 대한 이해를 구하는 것을 넘어 함께 책임 있게 돌보아야 할 농촌과 농업과 자연에 대해 가치 있는 이야기를 나눌 수 있는 기회이기도 하다.

한번은 농사가 미숙하고 가뭄이 들기도 해서 아기 손가락 굵기만 한 당근을 수확할 수밖에 없었다. 그것을 그대로 꾸러미에 넣었다. 보통 당근 농사를 짓는 농가에선 밭에 버릴 수밖에 없는 당근이었다. 이러저러한 소식이 적힌 편지와 함께 그 당근을 받은 회원들 중 나무라거나 불평을 하는 사람은 아무도 없었다. 대신 회원 중 한 명이 이런 문자를 보내왔다. "어머, 어쩜 이렇게 귀여운 당근이 왔죠? 보자마자 씻어서 아기랑 함께 아작아작 씹어 먹었어요. 정말 달고 맛나요. 이렇게 건강한 농산물을 보내 주셔서 정말 감사합니다." 꾸러미 농사는 실패 확률이 거의 없는 농사이다. 아기 손가락 굵기만 한 당근도, 포기가 앉지 않은 배추도 버려지지 않고 소중한 대접을 받을 수 있으니까. 꾸러미 농산물은 시장에 내다 파는 잣대가 아닌 우리 식구가 먹을 농산물을 기르듯이 길러도 된다.

나는 꾸러미를 할 때 1년 단위로 재계약한다. 12월에 끝을 내고 4월부터 회원을 새로 모집한다. 주변에 보면 1년 단위로 끊지 않고 지속하는 경우가 더 많다. 각자에 맞게 하는 것이겠다. 나는 겨울에는 쉬고 싶고, 눈이 와서 번거롭기도 하고, 보낼 것도 마땅치 않고, 너무 매이는 것도 싫어서 그렇게 한다. 4월에 다시 회원을 모집하면 지난해에 했던 사람은 30% 정도가 재계

약을 하고 나머지는 신입회원으로 채워진다. 지속적으로 하는 사람들도 1년이 되면 기존 회원이 얼마나 남는지를 물어보니 나와 비슷한 것 같았다. 하여간 겨울엔 충전하는 마음으로 쉬고 봄에 새로 시작하는 것이 나에게는 맞는 것 같다.

꾸러미 방식은 형태와 내용 면에서 다양할 수 있다. 농사짓는 사람이 여러 형편과 취향을 고려해 가장 알맞은 방법을 찾으면 된다. 여러 면에서 좀 더 단순하고 싶었던 나는 15가정에 2주에 한 번 내가 농사지은 제철 채소를 보내고, 회원은 한 달에 한 번 회비를 내는 방식을 택했다. 가공식품을 한두 가지 넣기도 하는데, 비교적 만들기 쉬운 감잎차, 허브차, 쑥개떡반죽, 들기름, 효소 등이다. 그런데 주변의 다른 농민은 일주일에 한 번 자신이 농사지은 것뿐 아니라 동네 할머니가 농사지은 것과 마을에서 생산되는 가공식품을 꾸러미에 넣어 구색을 맞춘 다양하고 풍성한 꾸러미를 꾸린다. 모두 형편에 맞게 꾸러미를 구상했으니 좋다고 생각한다. 어떤 경우에는 계절에 한 번 꾸러미를 구상해 볼 수도 있지 않을까? 농부 자신이 구상한 것을 제안하고, 그 방식에 맞는 소비자가 만나면 되는 것이다.

10년 차가 된 지금 나는 한 달에 한 번 보내는 꾸러미를 10가구와 나누고 있다. 지금 꾸러미 상자를 채우는 내용물은 더욱 단순하다. 쌀을 기본으로 하고 감자와 고구마, 양파, 옥수수, 완두콩 등 저장 가능한 제철 식품이다. 전보다 수입은 적지만 이것 또한 남편이 일주일에 3일 귀농 관련 일을 하게 되어 이 정도로도 필요한 돈을 충분히 마련할 수 있기 때문이다. 나는 여유롭게 농사짓고, 남는 시간엔 마을에서 사람들과 이러저러한 공부도 하고 활동도 하며 지낸다. 어떻게 하면 돈 안 들이고 아이들과 함께 공부할 수 있는지에 대해 생각하고, 스스로 몸을 건강하게 유지할 수 있는지도 살핀다.

내 방식의 농사와 꾸러미에 대해 적어 보았다. 내가 하는 방식은 내게 알맞을 뿐, 다른 사람의 방식과 비교해서 더 좋다거나 그렇지 않다거나 혹은 나와 형편과 처지가 다른 사람에게 도움이 될 거라고 크게 생각하지 않는다. 다만 상상하는 데 조금이라도 도움이 되었으면 좋겠다. 앞으로 내 희망은 더욱더 단순한 삶의 방식을 꾸리는 것이다. 꾸러미를 하더라도 범위를 좁혀 지역 안에서 하고 싶은 것이 그 한 예이다. 보다 더 단순한 삶은 생각하지 못했던 선물을 안겨 주는 것 같다.

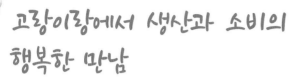
고랑이랑에서 생산과 소비의
행복한 만남

박사라 | 남편을 꾀어 함께 농부가 되었는데, 지금까지 '귀농'이라는 선택을 후회하지 않는다. 고랑이랑 이사장으로 삼 년째 협동조합 살림을 맡아 하느라 돌보지 못한 밭에 무성한 풀이 걱정이다. 그러나 한편으로 즐거이 사는 법을 나름 터득해 가는 중이라 "하하하" 해사하게 웃으며 근심 걱정은 날려 보낸다.

협동조합 고랑이랑이 시작되기까지

아이 셋, 남편과 함께 서울에서 살기를 그만두고 십여 년 전 아산으로 귀농하여 지금까지 가족농으로 살아왔어요. 몇 해 동안은 여러 가지 농사를 시도했습니다. 여러 가지 농사라고 해봐야 노지에 감자, 고구마, 대파, 생강, 토란, 울금 등을 심어 본 거예요. 그렇게 좌충우돌 실패의 쓴잔을 마시면서도 고개 숙여 땅만 바라보며 살았어요. 어느 정도 농사가 익숙해지니 이웃 농부들이 보이고, 동네가 보이고, 이들과 더불어 살아갈 궁리가 자연스럽게

꾸러미를 시작할 무렵 공동경작 밭에서 쉬는 고랑이랑 농부들

되더라고요.

우리 부부는 우리가 원하는 농사법으로 농사지은 농산물을 시장에 내다 팔지 않고 우리의 귀농을 지지해 주는 지인들에게 나누었습니다. 그들은 매월 2~3만 원의 회비를 우리 생활비로 보내 주었고 우리는 일 년에 다섯 번쯤 농산물을 거두어 꾸러미를 보냈지요. 귀농 첫해부터 지인들과 꾸러미 농사를 했던 경험이 쌓이고 농사가 어느 정도 익숙해지니 우리 부부의 관심은 이웃과 동네로 자연스럽게 확장되었지요. 그러던 중 동네에 귀농, 귀촌한 사람들이 모여 마을에서 오래도록 행복하게 살아가기 위하여 우리가 실천해야 할 거리들을 찾는 모임에서, 로컬푸드 영역에 관심 있는 귀농인 여섯 가구가 함께 농산물 꾸러미를 시작하게 되었답니다.

꾸러미 준비를 위해 여섯 달 정도 열두 명의 농부가 집집마다 돌아가며 일주일에 한 번씩 밥해 먹으며 공부하고 탐방하고 토론하고 계획하기를 열심히 한 결과 다음과 같은 고랑이랑 농부의 농사 원칙을 정하였지요.

고랑이랑 농부의 농사 원칙

1. 화학비료와 제초제를 쓰지 않고 농사짓습니다.
2. 땅과 철에 맞는 농사를 짓습니다.
3. 토종종자를 지키려 애씁니다.
4. 이웃과 함께 협동하며 일합니다.

이렇게 농사 원칙을 정하고 꾸러미 생산 계획을 정하고 물품을 정하여 2013년 6월, 첫걸음을 떼었지요. 20여 가구에 한 달에 2번, 농산물 꾸러미를 보냈습니다. 아래는 맨 처음 꾸러미와 함께 보낸 소식지에 실은 농부의 글입니다.

고랑이랑 꾸러미를 시작하며

농부들은 모종을 키워 밭에 옮겨 심을 때 "시집 보낸다"고 합니다. 딸을 둔 어머니의 심정이 이럴까요? 그동안 애지중지 키워 온 농산물을 사람들에게 선보인다고 생각하니 설렙니다. 긴장도 되고요.

올 1월부터 매주 만나 준비해 온 나날들이 주마등처럼 지나갔습니다. 농사에 '농(農)' 자도 잘 모르는 초보 농사꾼들은 스물네 번의 모임을 가지면서 다투기도 하고, 서로 격려도 하면서 여기까지 왔습니다. 고랑이랑을 준비하면서 저희가 고민한 화두는 '불편함'이었습니다. 세상은 크고 빠르고 편안한 것을 추구하는데 우리는 왜 작고 느

반찬꾸러미에 들어가는 반찬들

리고 불편한 일을 시작하는 걸까? 카트를 끌며 상품을 고르는 소비
자의 모습 뒤편엔 음식들이 어떻게 만들어졌는지조차 모르는 허상이
존재합니다. 농업 또한 예외가 아닙니다. 한 시간이면 해결되는 제초
제와 농약의 편리함은 땅의 오염이라는 부메랑으로 되돌아옵니다.

　불편한 소비에 기꺼이 동참해 주신 고랑이랑 가족에게 감사드립니
다. 이런 불편함이 희망의 씨앗이 되어 신뢰의 열매를 맺어가길 바랍
니다. 고맙습니다!

2013. 6. 14 고랑이랑 농부들

귀촌한 지역 주민들과 아산시 인근의 지인들이 꾸러미 식구가 되어 주었

습니다. 꾸러미 회원은 일 년 동안 회원으로 가입해서 이용해야 하고 월 6만 원의 회비를 납부했습니다. 꾸러미에는 노지에서 생산된 푸성귀들과 감자, 고구마, 양파, 쌀, 유정란, 직접 만든 손두부, 콩나물 등을 꾸려 보냈지요. 한 달이 가고 두 달이 가면서 꾸러미 식구들도 점차 늘었지요.

그해 겨울까지 농부들이 중심이 되어 물품을 구성하고 포장을 하고 소식지를 만들고 배송까지 나누어 하면서 많은 시행착오와 갈등이 있었고 배움도 있었지요.

꾸러미 준비 과정에서 농부 열두 명이 밭을 공동경작했던 일은 가장 좋은 기억으로 남았습니다. 함께 밭을 일구고 들깨 모를 심고 풀을 매고 들깨를 털면서 나누었던 이야기와 웃음소리들이 거둔 들깨보다 많았으니까요. 그리고 협동하는 일의 좋음과 어려움도 알게 되었지요. 함께 합의한 농사원칙과 협동의 과정에 충실하지 못하여 갈등을 빚기도 하고요.

그러다 꾸러미가 자리 잡아갈 즈음, 농부들 사이에서 꾸러미 사업을 협동조합이라는 그릇에 담아 보자는 제안이 나왔습니다. 여러 번의 토론과 준비 과정을 거쳐 생산자와 소비자가 함께 주인이 되어 협력하는 협동조합 고랑이랑이 시작되었답니다. 협동조합 고랑이랑이 생산자 조직이 되지 않고 생산자와 소비자 조합원이 함께하게 된 것은 생산과 소비는 하나여야 한다는 농부들의 철학 때문이었지요. '고랑이랑'이라는 이름에 담은 뜻도 작물을 심어 생산이 일어나는 이랑과 물길이 되어 주고 이랑을 받쳐 주는 고랑이 각자의 역할과 모습은 다르지만 떼려야 뗄 수 없는 관계이며 결국은 하나라는 것이지요. 협동조합 고랑이랑의 정관에도 "생산자에게 적정한 가격을 보장하고, 소비자에게 믿을 수 있는 농산물을 공급함으로써 생산자 소비자 조합원의 권익을 도모하고…"라고 명시했지요.

반찬 꾸러미 담는 중

고랑과 이랑이 만나 하나가 되기까지

　협동조합 고랑이랑은 2014년 1월 11일에 창립총회를 열었습니다. 충남 아산에서 유기농사 짓는 농부들과 이웃 소비자들이 한데 머리를 맞대고 농촌 사회의 지속가능성과 대안을 모색하고 신뢰와 협동으로 지역사회 발전을 위해 일하기로 마음을 모았습니다. 이후 협동조합의 사업은 농산물 꾸러미뿐 아니라 반찬 꾸러미 사업, 도시락 사업, 마을식당까지 확장되었지요. 꾸러미 배송은 천안 지역까지 확대되었고 택배를 원하는 회원들에게는 택배 배송도 합니다.

　농산물 꾸러미는 월 2회 열 가지 정도의 농산물을 모아 농부가 직접 배달하고 반찬 꾸러미는 월 4회, 네 가지의 유기농 반찬을 조리하여 소비자에게 직접 배달하지요. 이외에도 반찬과 농산물을 택배로 보내는 이웃꾸러미 상품도 있고요. 꾸러미 회원들에게 유기농산물을 공동구매 형식으로 판매하기도 하지요. 고랑이랑 꾸러미는 처음에 합의했던 농사 원칙을 여전히 지키고 있으며 꾸러미를 보낼 때마다 소식지를 함께 넣어 농사 이야기, 물품 이야기, 조리 과정 이야기를 통해 소비자들과 소통하려 애쓰고 있답니다.

협동조합 고랑이랑은 여러 가지 먹을거리 상품을 만들어 회원들에게 공급하는 일뿐만 아니라 의미 있는 조합 활동을 하는데 '조합원의 날'을 잡아 조합원들이 함께 모여 협동조합에 관한 공부도 하고 조합의 현재와 미래에 대한 이야기도 나누지요. 조합원들이 나눈 이야기들 몇 가지를 옮겨 봅니다. "위아래가 없는 평등한 협동조합이었으면 좋겠다." "처음 시작하는 단계이니만큼 무엇을 지켜야 할 것인가를 공유해 나갔으면 한다." "앞으로 고랑이랑이 이윤 창출이 잘되었으면 좋겠다." "농촌문화 체험, 교육 프로그램도 만들어 나갔으면 한다." "지역 안에 있는 다른 협동조합과도 함께했으면 좋겠다." "조합원 혜택이 더 다양하게 있었으면 좋겠다." "고랑이랑을 통해 지역 사람들과 관계를 맺게 되어 고맙고 반갑다." "농사지을수록 행복하고, 농부다운 농부들이 우리 지역에 많이 계신데 고랑이랑과 함께했으면 좋겠다." "꾸준히 나아가는 고랑이랑이었으면 좋겠다." "오랫동안 여럿이 함께 가는 고랑이랑이 되었으면 좋겠다." 이런 조합원들의 바람을 조금씩 조합 안에서 이루어가고 있답니다.

그리고 조합원들이 바느질 모임, 텃밭 모임 같은 소모임을 꾸려 활동하고 마을과 소통하기 위해 송악놀장, 먹을거리 교육, 옛이야기 교실, 불금식당, 추수한마당 등 다양한 활동들도 시도하지요.

고랑이랑의 내일은

고랑이랑 농부들은 자부심과 긍지를 가지고 땅 살리는 농사를 지어 생산한 농산물에 정당한 가격을 보장받습니다. 고랑이랑 소비자들은 농부들을 믿고 농산물과 반찬을 먹으며 이웃 농부들의 안부와 농사 일정을 궁금해하고 심을 때나 거둘 때 일손을 돕기도 하지요. 농부들은 소비자의 건강과 동네의 생태환경을 걱정하며, 소비자들은 아이들의 먹을거리를 고랑이랑에 맡기고 농부들과 함께 마을공동체를 회복하기 위해 노력하지요. 이렇게 지금 우리 안에 싹트는 희망의 씨앗들이 '협동조합 고랑이랑'이라는 밭에서 잘 성장해 가길 바랍니다.

작지만 조화롭고 아름다운 조합을 일구어 가고 지역에서 탄탄하게 자리잡길 원합니다. 지역에서 생산된 먹을거리가 지역 안에서 소비, 순환되어 살고 싶은 농촌을 만들고 싶습니다. 그렇게 사람들이 떠나지 않고 머무는 농촌이 되는 데 힘을 보태고 싶습니다. 소농으로 살아가는 것이 쪼들리거나 부끄럽지 않고, 여유롭고 평화로우며 행복할 수 있는 날들을 꿈꾸어 봅니다.

7월 넷째 주 농산물 꾸러미

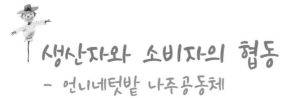

생산자와 소비자의 협동
- 언니네텃밭 나주공동체

김원숙 | 언니네텃밭 나주공동체 대표이다. 여성 농민들이 놀리던 50평, 100평 텃밭을 살리고 할머니들도 같이 일할 수 있으니 행복하다. 4남매를 둔 장한 엄마이기도 하다.

언니들, 농산물을 꾸리다

학교 졸업 전 진로를 고민할 때 나주, 해남을 비롯한 전남 곳곳에서 수세 폐지 운동이 일어났다. 그리고 농업은 생명과 직결된 산업이라는 것, 농민이 어떤 대우를 받든지 농자천하지대본이라는 생각을 강하게 가지고 있던 터라 농사짓고 농민운동을 해야겠다고 진로를 정했다.

자기 소유로 된 땅 한 떼기도 없는 빈농 남편을 만나서 농사짓기 시작했다. 남의 땅에서 농사지으려니 힘이 들었다. 임대료 빼고 비료, 농약, 종자, 비닐 값 등 생산비 빼고 나면 남는 것이 너무 적어 생활하기가 무척 힘들었다. 당시 김영삼 정권은 신농정이라 해서 기업농·전업농 육성 정책을 폈고 우리는 젊었기 때문에 농어민 후계자, 전업농이 쉽게 될 수 있었다. 지원 자금으로 땅을 샀고 단일 작목 전업농이 되었다. 그러나 농사는 투기와도 같았다. 한 해 농사가 잘되어서 돈 좀 벌겠구나 싶으면 가격이 폭락하고 또 한 해는 태풍이나 냉해 등 기상 이변으로 흉작이 되고…. 이렇게 한두 해 망친 농사는 5년, 10년이 가도 갚지 못할 빚으로 남았다. 결국 전업농 자금으로 산 땅은 원금상환 기간이 되자 막지 못해 농지은행에 넘어가 버렸고, 우리는 다시 소작농 신세가 되었다.

한두 가지 단작 대규모 농사는 우리와 같은 처지를 벗어나기가 어렵다. 대규모 농산물의 판로처는 주로 공판장이나 장사꾼들이기 때문에 상품성 좋은 농사를 지어야 한다. 농약, 비료, 영양제 듬뿍 해서 보기 좋은 상품을 만들어야 하기 때문에 비용이 많이 들어간다. 농사라는 것이 제때에 해야만 하는 특성 때문에 인건비도 많이 들어간다. 그리고 내가 지은 농산물을 그들이 주는 대로 싼 가격에 팔 수밖에 없기에 생산비도 건질 수 없는 상황이 되는 것이다. 전업농·기업농 육성으로 농기계는 대형화되고(1억 원이 넘는 기계가 수두룩하다) 100평, 200평 소규모 농지는 버려졌다. 대농이 될 수 없는 고령 농민들은 재촌탈농하는 것이 지금의 농촌 현실이다.

이러한 현실을 벗어나기 위한 방안이 필요했고 그 하나의 대안으로 언니네텃밭 꾸러미 사업이 전국여성농민회총연합(전여농) 차원에서 시작되었다. 나 또한 이러한 꾸러미 사업이 농촌 현실에 맞는 일이라는 강한 확신이 들었다. 꾸러미 사업은 텃밭과 소규모 농지를 이용해 소득을 올릴 수 있는 사업이자 소농과 경험 많은 고령의 농민들이 함께 협동해서 살 수 있는 방법이었다.

1년에 한두 번 나오는 농업 소득으로는 버티기 힘든데, 꾸러미 사업은 상시적으로 소득이 나올 수 있었다. 농약, 비료, 영양제 투성이의 농산물이 아닌 못생겼지만 몸에 좋은 친환경 농산물을 안정적으로 팔 수 있었다. 소규모 다품종 농사로 생산비도 적게 들고 인증이 없어도 신뢰로 판매할 수 있고 내가 생산한 농산물의 가격을 내가 정할 수 있었다. 그래서 2010년 여름부터 생산자를 꾸리고 교육도 하고 농사지을 작목들도 분배하면서 그해 12월 첫 꾸러미를 발송했다. 40대에서 70대의 여성 농민들이 모인 언니네텃밭 나주공동체가 출발한 것이다.

처음에는 제초제를 치지 않은 농산물을 꾸러미에 넣는다는 원칙으로 시작했지만 지금은 제초제뿐만 아니라 어떤 농약도 치지 않는 무농약 농산물만 넣는다는 원칙으로 발전했다. 그리고 앞으로는 비료도 사용하지 않는 농산물 꾸러미를 목표로 삼고 있다.

세상의 바른 순리

꾸러미 사업은 한두 사람이 할 수 있는 일이 아니다. 왜냐하면 매주 9~10가지의 품목이 들어가야 하기 때문에 여럿이 함께해야만 성공하는 사업이다. 매주 회의를 통해 꾸러미 품목을 결정하고 가격을 정하는 과정에서 양보와 배려라는 덕목을 배워 나간다. 그리고 인증이 없기 때문에 무제초제, 무농약 원칙을 생산자 각각의 양심에 맡긴다.

꾸러미 소비자들은 자연의 순리대로 제철에 생산한 농산물들을 선택 없이 우리가 주는 대로 먹어야 하기 때문에 신뢰와 의지 없이는 꾸준히 드시기가 힘들다. 그래서 우리 생산자들은 꾸러미 소비자들이 훌륭하다고 생각하며 항상 고마운 마음으로 꾸러미를 싸고 있다.

꾸러미 생산자와 소비자는 서로 소통하고 협동하려는 마음이 없으면 관계가 이어지기 어렵다. 그래서 1년에 2~3회 소비자 체험행사도 하고 매번 꾸러미 속에 생산자들의 이야기를 담는 '꾸러미 편지'를 통해 소통하고 공감하고자 노력한다. 8월 꾸러미 편지를 쓸 때는 태풍 때문에 아픈 농민들의 마음을 편지에 담아 보냈다.

태풍이 지나고 간 들판, 과수원을 바라보면 허탈함 그 자체입니다. 1년 동안 고생했던 것들이 물거품이 돼 버린 현실 앞에서 무어라 표현할 수 없는 허망한 마음에 속이 빈 것 같아요. 떨어진 배들을 보면 그냥 눈물이 나오려고 해서 차마 과수원을 다 둘러보지 못했습니다. 그래도 힘내서 태풍 뒷정리 해야지요.

언니네텃밭의 공동체들은 택배 배달이 많지만 나주공동체는 처음 시작할 때 광주에 있는 40여 소비자에게 그날 직접 배달을 했다. 택배에 맡기면 하

루 묵히게 되는데, 바로 배달하니 그만큼 신선한 농산물을 회원들 얼굴을 대하면서 전할 수 있었다. 매주 화요일이면 자동차로 광주 시내를 5시간씩 훑고 다녀야 하는 수고로움이 있었지만 우리는 얼굴 있는 생산자와 마음을 알아주는 소비자가 되기 위해 서로 뭉쳤다. 물론 생산자와 소비자가 협동하는 일이 순조롭기만 할까. 극복해야 할 것, 부딪쳐야 하는 상황이 만만치 않았지만 이것이 세상의 바른 순리라고 생각했기 때문에 두렵지는 않았다.

지금은 직접 배달을 못하고 모두 택배 배달만 한다. 일손이 늘 모자라는데, 무리하게 계속 끌고 갈 수 없어서 아쉬움을 안고 접었다. 일 욕심을 부리자면 귀농자들이 우리 마을로 많이 왔으면 좋겠다. 그래서 나주공동체에서 새로운 시도들을 해보면 좋겠다.

언니네텃밭이 지금은 협동조합으로 전환해서 나주공동체도 조합원으로 참여하고 있다. 세상은 실천하는 과정에서 변하는 것 같다. 마음속에 품어온 것을 실천에 옮기는 일은 어려울 수 있지만 함께하면 쉽게 풀리기도 한다. '혼자만 잘살기 위해 끊임없이 상대방을 딛고 올라가는 이 약육강식의 세상을 바꾸기 위한 작은 실천이 꾸러미 사업이다'라고 확신하면서 때론 힘들지만 재미있게 나아간다.

*언니네텃밭 나주공동체의 11월 넷째 주 꾸러미 편지를 살짝 공개합니다.

소비자는 적당한 가격으로 농산물을 사 먹고 농민들은 생산비를 보장받는 기초농산물(쌀, 보리, 콩, 고추, 양파, 배추, 무) 국가수매제 요구를 위해 내일(화) 서울 갑니다. 12월 8일에 있을 메주 쑤기 소비자 체험행사 안내문을 넣어드렸으니 보시고 많이 신청해 주세요.

1. 배추김치(심순옥): 김치 담그는 법이 다 다른데요. 이분은 꼭 멸치, 다시마 우린 물에 찹쌀죽, 멸치젓, 새우젓 등 온갖 양념을 섞어서 담그십니다. 그래서 김치가 참 깊은맛이 납니다.

2. 곰밤부리나물(문금란): 남도 지방에서 추운 겨울에 밭에 자라는 야생나물입니다. 끓는 물에 살짝 데쳐서 된장, 고추장, 참기름, 깨, 마늘 넣고 무쳐 드세요. 깊은 향기가 나는 몸에 좋은 나물입니다.

3. 단호박(홍효정): 보통 단호박과는 다른 개량종 단호박이라고 합니다. 삶아 갈아서 호박죽 쑤어 드셔도 좋고 쪄 드셔도 참 맛있습니다.

4. 고구마(심순옥): 올해 고구마 심을 때 심한 가뭄으로 고구마 작황이 좋지 않아서 실한 것만 추려 보내드립니다.

5. 얼갈이배추(정영희): 무농약으로 기른 배추입니다. 쌈으로 드시거나 겉절이로 해 드시면 좋습니다.

6. 뿌리배추(전미라): 삶아서 보내려고 했는데 그냥 보냅니다. 삶아서 시래깃국 끓여 드시면 정말 맛있습니다.

7. 국산콩 두부(김원숙): 유화제, 소포제 같은 첨가물 없이 만들어서 거친 느낌이 나지만 콩맛이 살아 있습니다.

8. 방사유정란(김원숙): 풀을 많이 먹으면 달걀의 노른자 색이 진하고 더 고소합니다. 황토밭을 돌아다니며 풀과 벌레 등 여러 가지를 먹은 닭들이 낳은 좋은 달걀입니다.

9. 고추장아찌(정영희): 5월경에 담아 놓은 슬로우푸드 장아찌입니다. 잘 발효되어서 맛이 좋습니다.

10. 냉이(전미라): 늦가을부터 내리는 잦은 비 때문에 밭에 냉이가 훌쩍 자라 있어서 된장 풀어 냉이국 끓여 드시라고 캐 보냅니다.

시민과 함께 만들어 가는 여성농민장터

김정열 | 상주 봉강에서 농사짓는 여성농민이며 언니네텃밭 봉강공동체 총무일을 보고 있다.

목요일, 상주 언니네텃밭 봉강공동체 생산자들은 일찌감치 점심을 먹고 오후 1시가 되면 조그마한 비닐봉지나 신문지에 곱게 싼 꾸러미들을 손수레에 싣고 꾸러미 공동작업장으로 모입니다. 하나둘 모이다 보면 금세 시끌벅적한 장 준비 마당이 됩니다. 다른 사람은 무엇을 가져왔는지 살피고, 맛있어 보인다, 양을 좀 더 넣어야 한다, 됐다, 값은 얼마를 받아야 한다 등 내가 가지고 온 물품을 정리하기보다는 남이 가져온 물품에 대한 촌평을 하기에 더 바쁩니다.

장터 책임자 세 명이 생산자들이 가져온 농산물들을 하나씩 정리해 차에 싣고 목요농민장터로 떠날 준비를 합니다. 우선 누가 가져온 물품인지 생산자를 확인합니다. 목요농민장터에서 제일 중요한 확인이지요. 소비자들에게

매주 목요일마다 열리는 여성농민장터

생산자의 얼굴을 알려 주어야 하니까요. 그 다음엔 오늘 장에 낼 물품의 양과 가격을 생산자에게서 확인합니다. 16명이나 되는 생산자들이 저마다 다른 물품들을 가져와서 북적대다 보니 헷갈리기 쉬워서 책임자는 정신을 바짝 차려야 합니다. 모든 준비가 끝나면 15분 거리에 있는 상주시내 장터마당으로 떠납니다.

　이렇게 매주 목요일 농민장터를 시작한 지도 5년째입니다. 지금까지는 우리가 기대한 이상의 결과가 있었습니다. 장터의 지역적인 호조건, 생산자들의 열정, 장터 담당자들의 책임감 등이 모여서 장터가 잘되고 있습니다. 처음 시작할 때는 사실 별 기대를 하지 않았습니다. 왜냐하면 좁은 시골지역이고(시민은 4만 명 정도로 인구가 적다), 한 집 건너면 모두 지역농민과 연결되는 농촌지역이라서 수요가 많지 않다고 생각했거든요. 그런데 막상 장터를 시작해 보니 손님들이 많았습니다. 물론 처음부터 그렇지는 않았지만 비교적 일찍부터 자리를 잡을 수 있었습니다. 그 첫 번째 이유는 상주여성농민회와 언니네텃밭 봉강공동체가 지역에서 얻은 신뢰 덕분인 것 같습니다. 목요농민장터는 여성농민회 이름으로 열리는데 지역에서 26년째 성실하게 활동해온 단체거든요. 그리고 언니네텃밭 봉강공동체라고 하면 친환경 유기농사를 짓는 마을이라는 인지도가 있었습니다. 그러나 그것 가지고는 부족하지요. 애초의 목적처럼 매주 그날 아침에 수확한 신선한 농산물과 먹을거리들이 나오니 소비자들이 좋아해 주셨습니다. 물론 값도 비싸지 않고요.

비가 오나 눈이 오나 같은 자리에

매주 장터에 나오는 물품은 보통 50~60가지 정도로 다양합니다. 다양하게 장터를 준비하기 위해 우리 생산자들도 여러 가지 아이디어를 짜냅니다. 20여 가지 계절별 채소, 쌀 등 다섯 가지 이상의 곡물류, 두부와 콩나물 등 온 국민이 좋아하는 식재료, 우리 회원들이 손수 만든 반찬류(주로 장아찌), 식혜나 미숫가루 등 집에서 하기 번거롭지만 사서 먹기에는 좀 믿을 수 없는 간식류 들입니다. 지난주에는 집에서 감자를 썩혀서 만든 하얀 감자가루가 인기 있었습니다. 요즘 나오는 풋동부를 넣고 송편을 해 먹으면 쫄깃쫄깃한 것이 참 맛있거든요.

1년 넘게 비가 오나 더우나 태풍이 몰아치나 매주 그 자리에서 그 시간에 하다 보니 단골손님도 많이 생겼고 우리끼리 VIP라고 부르는 손님들도 생겼습니다. 장터에 특별한 물품이 나오거나 예약 받을 물품(요즘 같으면 고추, 배 등 계절농산물)들이 나오면 문자메시지도 활용하는데 우리한테 전화번호를

밭에서 갓 따온 신선 채소들

주신 단골들만 100여 명이 넘습니다. 이분들과는 자주 연락합니다. 필요한 농산물을 미리 주문 받아서 장터 열 때 갖다 드리기도 하고 급한 것은 거리가 가깝기 때문에 일부러 전하러 나가기도 합니다. '이것을 팔아서 돈이 되나? 안 되나?'를 생각하기보다는 관계를 이어나가려고 하는 거지요.

소비자와의 약속은 지켜야 한다

상주에는 목요농민장터 말고는 직거래 장터가 없습니다. 상주에 유일한 직거래 장터지요. 그래서 시민들이 많이 이용하고 인근에 4개 학교, 시청 등이 있어서 맞벌이하는 직장 여성들도 많이 이용합니다. 장터 시작은 가볍게

맛을 볼 수 있도록 담아 온 반찬들

했습니다. 언니네텃밭 봉강공동체에서 꾸러미에 넣고 남은 채소를 시민들에게 팔면 좋겠다는 생각과 큰 돈벌이는 안 되어도 장터를 책임질 일꾼들 수고비라도 좀 챙겨 줄 수 있으면 좋겠다고 생각해 시작했습니다. 큰 준비도 필요 없었습니다. 천막은 여성농민회가 가지고 있던 걸 썼고 물품대로 활용할 탁자는 빌렸습니다.

그렇게 시작했는데 지금은 규모도 꽤 커졌고, 농산물을 팔아 생기는 생산자들의 경제적 이득 외에 지역에서 차지하는 의미도 큰 것 같습니다. 장터를 운영하면서 안전한 먹을거리에 대한 소비자들의 열망도 높다는 것을 알게 되었습니다. 장터에 나오는 채소는 무농약으로 재배된다는 것을 알리고 가공품은 일체의 첨가물 없이 농민들이 집에서 해 먹는 그대로 만들어서 신뢰를 주니 많은 시민들이 장터를 믿고 찾아옵니다. 또한 이런 먹을거리를 생산하는 사람들이 농민, 특히 여성농민들이라는 사실을 말할 수 있어서 좋습니다. 내가 먹는 것들을 누가, 어디서, 어떻게 생산하는지 느끼게 되니 농업과 농민에 대한 교육이 따로 필요 없는 것 같습니다.

장터는 매주 목요일 오후 3시부터 7시까지 열리는데 그날 다 팔 양만 가져갑니다. 얼마나 팔릴지 어떻게 아느냐고요? 그동안 쌓인 노하우지요. 그래서 파장 무렵에 오면 결품이 많습니다. 단골들은 이 사실을 알기 때문에 볼일이 있어 늦을 때는 우리 장터 담당자에게 전화를 해 필요한 물품을 예약 주문해서 따로 빼놓게도 합니다.

목요농민장터를 시작하고 우리 언니네텃밭 언니들이 더 바빠졌습니다. 그전에는 꾸러미 싸는 화요일만 바빴는데 이제는 목요일까지 정신없습니다. 장터의 이미지는 우리 전체의 이미지라고 생각하면 하나라도 허투루 보낼 수 없기 때문에 아마 더 힘드실 겁니다. 사는 게 바쁘지만 우리가 기른 농산물을 알아주는 소비자들이 있다는 것을 알기에 신나게 일합니다.

지금까지 장터가 재미있고 알차게 운영될 수 있도록 함께한 여성농민회 회장님, 사무국장님, 여러 임원분들 그리고 작년 태풍이 몰아치던 날도 "소비자와의 약속은 지켜야 한다"며 천막을 붙들고 장터를 열었던 우리 장터 담당자 세 사람에게 이 지면을 빌려 고마운 마음 전합니다. 이분들이 없었다면 상주 목요농민장터도 없었을 것입니다.

네 번째 문턱, 이웃

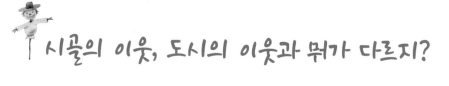

시골의 이웃, 도시의 이웃과 뭐가 다르지?

백승우 | 1998년부터 시골살이를 시작해 2004년 강원도 화천군 용호리에 땅을 사면서 자리를 잡고 앉았다. 농사도 짓고 책도 쓰고 사회문제에 대한 대안을 찾아 고민하며 살고 있다. 2013년 마을 어르신들이 동네 망칠 녀석은 아니라고 생각하셨는지 이장 감투를 씌워 주셨다.

두레, 시골을 이해하는 열쇳말

두레라고 들어 보셨지요? 계, 품앗이, 향약 등과 더불어서 전통적인 협동 문화를 소개할 때 늘 등장하는 단골 메뉴지요. 전통적인 시골 사회를 이해하는 가장 좋은 단어가 저는 '두레'라고 생각해요. 그동안 내내 이게 뭔지 사실 잘 몰랐어요. 최근에야 번쩍 깨쳐 알게 됐어요. 두레가 뭐냐면 집집마다 대표 선수 한 명씩이 나와서 팀을 짜는 거예요. 이 팀이 동네 사람들 논일을 순서대로 돌아가면서 다 하는 거예요. 예를 들어서 석화리라고 하는 동네에 100가구가 산다면, 각 가구마다 한 명씩 나와서 100명이 팀을 짜는 겁니다. 그리고 이 100사람이 온 동네 논을 다 돌면서 모내기하고 첫 김매고 두 김매고 세 김매고 딱 해산하는 거지요.

그러면 순이네 논은 2천 평이고 돌이네 논은 9천 평이고 개똥이네 논은 4백 평이라면 논이 가장 많은 돌이네는 큰 이득이고 논이라고는 겨우 4백 평밖에 안 되는 개똥이네는 완전 손해일 것 같잖아요? 자기네 논 겨우 4백 평 모내기하고 김매자고 온 동네 논을 다 돌아다니면서 모심어 주고 김매 주고 그래야 하니까요. 그런데 그렇지가 않아요. 개똥이는 아주 즐겁게 기꺼이 두레에 참여해요. 논 많은 집 일하는 게 더욱 즐거워요. 왜 그럴까요? 먹을 게 많으니까. 그 집 일 가면 배불리 먹을 수 있으니까.

당사자들이 일대일로 품을 맞교환하는 품앗이하고는 완전 다르죠? 다릅니다. 왜 이런 두레가 활성화됐을까요? 혼자서는 농사를 지어 먹고살 수 없기 때문이에요. 어떤 동네에 100가구가 살고 그 동네 전체 논이 20만 평이라고 한다면, 각각의 논 주인이 다 따로 있겠지만, 100가구가 힘을 모아서 20만 평 농사를 지으면 쉬면서 놀면서 먹으면서 풍물 두드려 가면서 농사를 지을 수 있는 거예요. 그러니까 농사일이라는 게 1+1=2가 아니고 최소한 3이나 4정도가 되는 겁니다. 함께할수록 효율이 높아집니다.

만일 개똥이네가 두레에서 배제돼서 혼자서 자기 집 논 2천 평을 짓는다? 이건 불가능한 거지요. 자기네 가족 노동력 가지고 홀로 떨어져서 2천 평 논 농사를 짓는 건 불가능합니다. 때를 맞추기 어려워서 이루 말할 수 없는 고생을 하지만 성과는 미미한 농사를 지을 수밖에 없어요. 두레에서 쫓겨난다는 건 단순히 심리적으로 소외되는 것뿐만 아니라 생존 자체가 불가능한 물리적 조건에 처하게 되는 거지요. 시골 사회가 갖는 공동체성은 기본적으로 이런 물리적 기반 위에 있었다고 할 수 있어요.

소똥이가 어느 날 갑자기 술이나 처먹고 잠이나 퍼 자고 도무지 일을 안

한다 이거예요. 그러면 어찌 됩니까? 100사람이 하던 일을 소똥이가 빠지니까 99명이 나눠 해야 하잖아요? 소똥이 개인의 문제가 아니고 동네 사람 전체의 문제가 되는 거예요. 그러니 온 동네 사람이 다 잔소리를 하든지 야단을 치든지 우르르 달려들어서 매질을 해서라도 정신 차리게 만들어 놓아야지요. 게다가 동네 사람들이 서로 남남도 아닌 거예요. 집성촌이라고 들어 보셨죠? 같은 성을 가진 사람들이 한 동네에 모여 사니까 동네 사람이라고 해봐야 사실은 멀고 가까운 친족이지요. 사람과 사람 사이에 거리가 분명치 않고 경계가 모호합니다.

시골 사회가 작동하는 방식은 생존 방식으로서의 두레를 바탕에 깔고 이해해야 하는데요, 저는 도시와 구분되는 시골 사회가 갖는 특징적인 작동 방식이 있을 거라고 생각하고 그걸 찾아내서 정리해 봤지요. 2015년에 제가 써서 출간한 책 『까칠한 이장님의 귀농귀촌 특강』에서 자세히 설명한 바 있어요. 세 가지입니다. 첫 번째는 사람들이 서로 다 연결되어 있다, 두 번째는 그 연결된 관계가 오래 아주 오래 계속된다, 세 번째는 서로 다 연결되어 있는 사람들이 아주 오랫동안 함께 살아온 결과 서로가 서로를 속속들이 잘 안다, 이런 겁니다.

사람들이 서로 다 연결돼 있다는 건 간단한 수식으

로 증명할 수 있습니다. 예를 들어 화천군에 거주하는 실제 인구가 2만 5천 명쯤 되는데, 우리 동네 사는 S형이 애를 여우면서 청첩장을 얼마나 보내나 보니까 500장쯤 보낸단 말이죠. S형한테서 청첩장을 받은 사람들(이들을 가-나-다 기호를 이용해 호칭키로 함)도 각각 잔치할 때 500명 정도한테 청첩장을 보낸다고 가정할 수 있지요. S형이 청첩장 보낸 사람들과 가-나-다 등이 청첩장을 보내는 사람들이 서로 한 사람도 겹치지 않는다면 최소 몇 명의 사람이 필요할까요? 500명 곱하기 500명 해서 25만 명이 있어야 합니다. 그런데 전체 인구라고 해봐야 2만 5천 명밖에 안 되니까 서로 겹치는 사람이 많이 있음을 알 수 있지요.

S형이 청첩 보내는 사람과 가-나-다 등이 청첩 보내는 사람 중 서로 겹치는 사람이 100명이라면 필요한 사람의 수는 500×400으로 20만 명이 됩니다. 여전히 많지요. 서로 겹치는 사람이 450명이 되어야 500×50=2만 5천 명으로 충족이 됩니다. 그런데, 화천 인구 2만 5천 명에는 아이와 어른이 다 포함된 숫자니까 가구 수를 다시 구해야 합니다. 요즘 가구당 가족원의 수 평균이 2.4명이니까 나누어 주면 1만 가구 정도가 살고 있다고 볼 수 있지요. 1만 가구 안에서 해결하려면 500×20=10,000이 되어야 하니까 S형과 가-나-다 들의 초대 손님 중 서로 겹치는 손님이 500명 중 480명 정도가 되어야 합니다. 내가 아는 500명과 고개 너머에 사는 친구가 아는 500명 중 서로 겹치는 사람의 숫자가 480명인 겁니다.

큰 도시에 살던 분들은 이런 사회, 서로 다 아는 관계이거나 한 다리만 건너면 다 아는 사람들이 사는 사회를 한 번도 살아 본 적이 없지요. 농협에 가거나 읍에 있는 수퍼를 가거나 군청이나 우체국, 면사무소, 술집, 밥집 등 어디를 가더라도 거기 앉아 있는 사람이 친구거나, 친구의 친구이거나,

친구의 딸이거나 아들이거나 하여튼 관계없는 사람이 하나도 없다는 얘기입니다. 게다가 이 사람들이 다 하나같이 한 번 보고 말 사람이 없어요. 이사를 가거나 하는 특별한 경우가 생기지 않는 한 죽을 때까지 내내 보고 살아야 하는 사람들입니다.

시골길 걷다 보면 밭에서 일하던 분이 민망할 만큼 빤히 쳐다보는 경우를 겪어 보셨을 거예요. 왜 저렇게 빤히 쳐다보나 의아했지요. 불쾌하기도 하고. 그랬는데 어느 날인가 보니까 바로 제가 밭에서 일하다 말고 누군가를 그렇게 빤히 쳐다보고 있더라고요. 늘 보던 사람만 보다가 모르는 사람이 나타나서 지나가니까 누군가 싶어서 계속 쳐다봐지는 거예요. 저 사람이 어디로 가나? 누구네 집에 온 거지? 이러면서 말이죠.

우리 동네에 농기계를 빌려갔다 하면 안 가져오는 형이 하나 있어요. H형인데, 꼭 제가 가서 찾아와야 해요. 말로는 쓰고 바로 갖다 주마고 해놓고는 그런 적이 한 번도 없어요. 하루는 맘이 언짢아서 동네 S형한테 푸념을 좀 늘어놓았죠.

"형, H형은 기계를 빌려가면 가져올 줄을 몰라. 바쁜데 성질나. 왜 그러는지 모르겠어!"

이렇게 불평을 하면서 H형 흉을 보는데, S형은 빙글빙글 웃기만 하다가 한마디 툭 던지는 거예요.

"기계 빌려 쓰고 안 갖다 주는 건 걔네 아버지 때부터 그랬어!"

도시 사람의 눈으로 볼 때 좀처럼 이해가 안 가는 불합리한 상황들, 속 터지는 상황들이 있지요. 사람과 사람 사이의 관계가 도시와 다르기 때문에 가치관도 다르고, 판단도 달라서 좀처럼 이해가 잘 안 되는 일들이 벌어집니다. 그런 불합리한 상황을 찬찬히 살펴보면 그 밑바탕에 도시와 다른, 사람들 사이의 특별한 관계(서로 다 연결되어 있고, 연결된 관계가 오래 지속되고, 그래서 서로가 서로에 대해 속속들이 알고 있는)가 있음을 알 수 있습니다.

전환기에 접어든 시골

제가 보기에 시골은 여전히 봉건적인 요소가 많이 남아 있습니다. 봉건사회는 한 마디로 차별 사회죠. 세 종류의 차별이 있는데요, 첫째가 신분 차별입니다. 신분 차별은 사라졌어요. 다음이 남녀 차별인데요, 여전히 심하죠. 여성이 살기에 시골은 끔찍한 곳일 거예요. 그러니까 다 탈출했어요. 자유와 행복을 찾아 도시로, 도시로 나가 버렸어요. 그래서 한동안 농촌 총각 문제가 심각한 사회문제가 되고 그러지 않았습니까? 요즘은 조용하죠. 왜 그럴까요? 농촌 총각이 다 늙어서 그렇습니다. 요즘 농촌 총각은 50대 중반이에요. 시골은 여전히 여성들이 살기에 힘든 사회고요.

그 다음이 노소 차별입니다. 어른이 어린 이를 억압하는 건데요, 이는 정말 어쩔 수 없는 겁니다. 동네 아저씨가 그냥 동네 아저씨가 아니고 동네 아주머니가 그냥 동네 아주머니가 아니에요. 친구의 아버지고 친구의 어머니예요. 우리 아버지 어머니가 내 또래 친구들한테 존중받길 바라는 것처럼, 나 역시 친구의 어머니 아버지를 존중해 드리지 않으면 안 됩니다. 나이가 들었거나 나이가 어리거나 상관없이 시골 사람들이 자기보다 손위 형이나 어른을 대하는 태도와 자세는 말할 수 없이 공손합니다. 공손해야 하는 거지요. 시골 사회는 그래서 어른들이 살기에는 편안하고 아늑한 사회이고 어린 아이들이 살기에는 답답해서 미치겠는 사회입니다. 아이들도 탈출을 감행하지요. 자유와 행복을 찾아서 도시로 다 떠나 버립니다.

젊은 여성도 없고 어린 아이들도 없는 텅 빈 시골 사회는 이제 수명이 얼마 남지 않았습니다. 그럼에도 시골 사회는 여전히 전통적인 가치를 굳건히 지키고 있습니다. 식민지를 거치고, 전쟁을 겪고, 혹독한 독재를 견디고, 산업화와 민주화를 거치는 그 숨 가쁜 역사의 소용돌이 속에서도 시골은 전통적인 가치를 버리지 않고 지켜 온 것이죠. 좋고 나쁨을 떠나서, 옳고 그름을 떠나서 객관적으로 그렇다는 겁니다.

봉건을 넘어서면 근대입니다. 도시죠. 근대의 이념은 자유와 평등입니다. 자유는 책임과 권리를 동반합니다. 사람은 누구나 평등하고 자유로우며 자유에 따른 책임과 권한을 갖는다고 되어 있죠. 형식상으로는 그렇습니다. 사람과 사람 사이의 선이 분명합니다. 넘어서는 안 되는 개인의 영역이 확실하고 소유의 한계가 분명하지요. 자유로운 개인들 사이의 합의는 합리성을 바탕으로 합니다. 이성에 맞는 것이 합리입니다. 합리적인 인간들 사이에는 정, 즉 친밀감이 생기기 어렵습니다. 사람들이 다 제각각 혼자라서 외롭고,

혼자라서 두렵습니다. 내가 어려움에 처했을 때 누군가 달려와서 도와주리라는 기대를 하기 어렵습니다. 내가 다른 사람의 짐을 들어 주는 게 버거운 것처럼, 나 또한 누군가의 짐이 되지 않아야 합니다.

봉건적인 질서를 유지해 오던 시골 사회가 근래에, 그러니까 최근 2~3년 사이에 급격하게 변하기 시작했습니다. 흔들리기 시작한 거죠. 전환기에 접어들었다고 저는 봅니다. 그토록 강고하게 전통적인 질서와 가치체계를 고수하던 시골 사회가 드디어 흔들리기 시작한 겁니다. 이유는 두 가지입니다. 첫째는 시골 사회의 고령화고, 둘째는 급격한 도시민의 유입입니다. 전환은 흔히 갈등과 혼란을 동반합니다. 그 와중에 있다고 생각합니다.

제가 궁금한 건 그 변화의 결과입니다. 시골 사회가 봉건적인 의식과 관행을 털어 버리고 자유롭고 평등한 사람들이 서로 도우며 친밀감과 행복을 누리는 좋은 사회로 나아갈지, 아니면 책임보다는 권리를 앞세우는 전투적이고 공격적이며 원만한 조정 능력이 없는 현대인(근대인)들이 모호한 경계를 둘러싸고 끊임없이 다투며 불화하는 살기 힘든 사회로 나아갈지 궁금합니다.

왜 시골로 가려 하는지 생각해 봐야 합니다. 가서 살고 싶은 세상은 어떤 세상인지요? 갈림길에 있는 시골 사회가 어느 쪽으로 갈지는 결국 새로 시골로 들어오는 분들 손에 달려 있습니다. 내가 살고 싶은 세상이 어떤 세상인지에 대한 깊은 성찰이 필요하고요, 나는 다른 사람에게 어떤 이웃이 되어야 할 것인지는 내게 필요한 이웃이 어떤 사람인가를 생각해 보면 쉽게 알 수 있겠지요.

주민과 귀농자의 관계

김건우 | 책 만드는 일로 밥벌이를 해온 덕분에 귀농운동본부에서 펴내는 계간지 『귀농통문』의 편집위원으로 재능기부를 하고 있다. 유기농으로 매실 농사를 짓는 아버지의 영향으로 농사에 관심을 갖기 시작했다. 농사를 지어야 사람 구실을 할 수 있다는 아버지 말씀처럼 도시생활을 접고 귀농하여 소농으로 살고 싶다.

어느 방송국 뉴스 프로그램에서 "인생 2막 일자리 귀농… 낭만 아닌 현실"이라는 제목의 보도를 한 적이 있다. 그에 따르면, 귀농자 열 명에 한 명 꼴로 귀농에 실패해 귀농지를 떠난다고 한다. 실패 원인으로는 준비 부족(48%), 자금 부족(13%), 소득원 확보 실패(11%), 주민과의 불화(9%) 들을 들었는데, 내가 이 글에서 다루려는 문제가 바로 그 '주민과의 불화'와 관련이 있다. 사족을 하나 덧붙이자면, 어색한 대로 '주민'이라는 표현을 이 글에서 그대로 쓴다는 것이다.

먼저, 앞서의 그 보도 내용부터 따져 보기로 하자. 저 통계에서 '귀농 실패'라고 못을 박은 것을 보면, 주민과의 불화로 속을 부글부글 끓이면서도 다른 곳으로 떠날 사정이 되지 않아 울며 겨자 먹기로 눌러앉은 귀농자는 셈하지 않은 모양이다. 그렇다면 주민과 불화하는 귀농자 비율은 더 높을 것이다.

사람 사는 곳에 불화가 있는 것이야 당연하고, 또 도회라고 해서 주민과 이주민의 불화가 없지는 않으니 새삼스러운 일이라 할 수는 없겠지만, 은연중에 주민과 귀농자의 관계가 대결 구도로 귀착되고, 또 으레 그럴 것이라고 짐작된다면 문제가 아닐 수 없다. 아무튼 '다문화'가 주민과 귀농자의 관계를 두고 나온 단어는 아니지만, 한국 사회의 보편적인 현상을 가리키는 단어 가운데 하나라고 해도 과언이 아닌 만큼, 원활한 소통까지는 아니더라도 이질적인 것들에 대한 최소한의 이해는 필요하다 하겠다.

이 글의 목적은 귀농자를 바라보는 '주민'의 시선이 어떤지 살펴보자는 것이었고, 내심 그 시선이 '불화'의 한가운데서 활활 타오르는 것이기를 바랐으나 실패였다는 사실부터 밝힌다. 그 둘의 관계가 어떤지 들어 보려고 첫 번

째로 들른 곳은 '언니네텃밭 상주 봉강공동체'였다. '언니네텃밭'이나 '공동체'에 이미 긍정적인 기운이 흐르고 있는 탓에 방문 목적에는 썩 맞지 않는 곳이었다.

주민과 귀농자가 어울려 할 수 있는 일

봉강공동체가 있는 상주시 외서면 봉강리에는 문달님 할머니와 박화순 할머니가 오래전부터 유기농으로 농사를 지어 왔다. 주민과 귀농자의 흔한 불화 가운데 하나는 농법의 차이에 따른 것이다. 관행농이냐, 유기농이냐, 농약을 쓰지 않아 풀 천지로 변해 버린 귀농자의 밭을 보다 못해 급기야 농약을 뿌려 버리는 주민. 그런데 봉강리에서는 농법의 차이에서 오는 불화가 생길 여지가 많지 않았던 것이다. 유기농으로 농사를 지어 온 어르신들이 터줏대감으로 버티고 계셨으니 말이다.

이런 뒷배경이 있었다고는 해도, 역시 연출자가 있어야 일이 제대로 굴러간다. 그래서 봉강공동체의 산파인 언니네텃밭 김정열 단장님을 빼놓을 수 없다. 단장님도 외지에서 들어간 귀농자인데, 상주여성농민회에서 간사로 일할 때 회장님 댁이 있던 곳이어서 봉강리로 오게 되었다 한다. 단장님의 여성농민회 활동은 2009년에 언니네텃밭 봉강공동체를 꾸려 꾸러미 사업을 시작하는 것으로 이어졌는데, 1990년부터 여성농민회가 조직되어 있었기 때문에 별다른 무리 없이 순조롭게 진행되었던 모양이다. 봉강공동체 생산자 17명 가운데 귀농자는 김정열 단장님을 포함해 4명인데, 꾸러미를 포장하고 발송하는 날 찾아가 그 귀농자들에 대한 평가를 해달라고 부탁하자 다들 이렇게 말씀하신다.

"젊고 배운 사람들이라 일 잘하고 잘 지낸다."

봉강공동체를 두고 귀농자가 주민을 어떻게 이끌어 가느냐에 따라 관계의 성패가 달려 있다는 것을 보여 주는 사례라고 일반화하기는 힘들다. 왜냐하면 오래전부터 드러나지 않은 무대가 마련되어 있었기 때문이다. 그렇기는 해도 '주민과 귀농자가 서로 어울려 할 수 있는 일'을 찾는 데서 관계를 시작해야 한다는 것을 보여 주는 좋은 사례이다.

주민과 귀농자가 함께 일하는 것이 중요하다는 것은 이제 들려줄 길광섭 님과의 대화를 통해서도 충분히 짐작할 수 있는데, '공동의 일'이야말로 농촌과 농업의 활로를 모색하는 데 실마리가 되겠다는 생각이 들었다.

강원도 화천 농부 길광섭 님

길광섭 님은 강원도 화천에서 24년째 유기농 농사를 짓는 농부로, 4천여 평 밭에 과채류와 엽채류를 키운다. '이곳에는 주민과 귀농자의 불화가 없느냐'는 물음에 요즘의 농촌 분위기를 들려주었다. 요컨대 농촌도 '개인화'라는 시대 흐름을 받아들이는 와중이라 불화의 여지가 거의 없다는 말씀으로, 예전에는 규모의 차이는 있어도 다들 기본적으로 쌀농사를 지었기 때문에 공동의 관심사가 있어서 자연스럽게 공동체가 유지되었지만, 요즘은 공동의 관심사라 할 만한 것이 없어져 버려 역설적으로 불화의 가능성마저 희박해졌다는 것이다.

농사의 기계화로 품앗이를 할 필요가 없어진 데다 농사 기술은 다양한 경로를 통해 얻을 수 있게 되었으니 이웃이 필요하지 않게 된 것이다. 게다가 혼자서 즐길 수 있는 거리가 많아진 탓에 농한기의 천렵 같은 공동의 놀이마저 사라졌다. 그러니까 '스마트폰으로 잃어버린 것들에 대한 묵념'이라는 공익광고를 떠올려 보면 이해하기 쉽겠다. 이웃이 필요 없는 농촌이라니 어째 어색하게 들리지만 현실은 분명히 그럴 것이다.

그러나 현실이 그렇다고 해도 농촌과 도회의 문화적 갈등이 없지 않으니 우선은 집이나 농지를 마련할 때 이웃과 지나치게 가까이 있는 곳을 피하라는 충고를 해주었다. 도회에서 직장을 중심으로 생활권이 형성되듯이 농촌에서도 어느 작목반에 속해 있느냐에 따라 생활권이 형성되는데, 길광섭 님이 적을 둔 '강원 유기농업 유통사업단'만 해도 생산자들이 양구, 홍천, 화천 등지에 흩어져 있다고 하니 '마을 작목반'이라고 하기는 애매해 보였다.

이웃의 개가 자신의 밭에 들어와 해작질을 해놓았을 때를 예로 들어 귀농자와 주민의 차이를 이야기해 주었는데, 합리적으로 시비를 따지고 드는 것은 귀농자이고, 속은 상하지만 내 개가 이웃의 밭을 파헤칠 수도 있으니 꾹 참고 적당히 넘어가는 것은 주민이란다. 개의 해작질뿐만 아니라 다른 일에 접근하는 방식도 대개는 저럴 것이다. 그렇다면 주민과 귀농자의 불화는 시비의 문제가 아니라 선택의 문제인 것 아닌가 하는 생각이 든 것은 내가 주민도 아니고 귀농자도 아니기 때문이었을까.

아무튼 농촌의 현실을 짚어 준 길광섭 님은 즉흥적으로 귀농하지 말라는 당부와 함께 농사 기술을 익히는 것은 그리 큰 문제가 아니나 농작물 판로를 확보하는 것은 중요한 문제이므로 선배 농부들을 적극 활용하라는 당부를 했다. 그런데 젊은 귀농자가 적어서 큰일이란다. 농촌의 고령화가 특히나 심각하다는 것은 누구나 알고 있을 텐데, 다음 세대가 정말로 없다는 것이다.

마지막으로 도회의 '문화적 세뇌' 때문에 귀농을 망설이는 이들에게 도움이 될 만한 충고를 잊지 않았다. 귀농하자마자 만족스러울 만한 소득이 생기지는 않으니 서너 해는 빠듯한 생활비 외의 소득이 없을 것을 각오하고 귀농해야 한다고. 그리고 자녀 교육 때문에 귀농을 망설이는 경우도 많은

데, 소득이나 자녀 교육에 대한 철학이 바뀌어야 귀농이 쉬워질 것이라고
했다.

　화천을 떠나 집으로 돌아오는 버스 안에서 이런 노랫말이 떠올라 오랜만
에 흥얼거려 봤다.

　　아랫집 윗집 사이에 울타리는 있지만,
　　기쁜 일 슬픈 일 모두 내 일처럼 여기고
　　서로서로 도와가며 한집처럼 지내자.
　　우리는 한겨레다, 단군의 자손이다.

　이제 단군의 자손이라는 것을 내세워 우리와 남을 구분할 수 있던 시대
는 지나갔다. 그리고 기쁜 일이든 슬픈 일이든 내 일처럼 여겨 도와줄 이웃
이 없는 시대가 닥쳐온 것이다. 시대의 흐름
을 읽는 일은 그 흐름에 편승해 부화뇌동하
기 위해서가 아니라 후일을 도모하기 위해 필
요해 보인다.

2부 땅과 삶에 뿌리내리기

귀농이란 단순히 직업을 농업으로 삼거나 거주지를 농촌으로 바꾸는 것을 뜻하지 않습니다.

자연의 흐름을 거스르며 자원을 소모하고 생태계를 파괴하는 산업문명과 쓰고 버리는 폐기에 바탕한 소모적 삶의 방식이라는 토대 위에 건설된 도시, 그리하여 반생태적인 도시에서는 불가능했던 자립적인 삶, 자연과 교감하는 삶, 정직한 삶, 창조적인 삶을 살 수 있는 가능성을 찾아 근본 자리로 돌아가는 것입니다. 그렇다면 어떤 마음, 어떤 가치관을 가지고 어떻게 살아야 할지 고민해야 합니다.

땅에 뿌리내리고 자신이 주인이 되는 삶을 찾아가는 다양한 사람들의 이야기를 들어 봅니다. 청년, 그중에서도 여성들의 귀농과 귀촌이 늘고 있습니다. 은퇴한 중년층도 여생을 자연과 함께하고 싶어 합니다. 도시에서 밥벌이로 삼았던 직업이 귀농 후의 삶에서 또 다른 길을 열어 주기도 합니다. 혼자서 외로우면 같이 해봅니다. 신자유주의를 기치로 내걸은 산업문명의 사회 구조적인 모순은 귀농하여 소박하게 살고자 하는 개인의 삶까지 위협합니다. 이럴 때도 뭉치면 무언가 길이 보일 듯합니다.

농사뿐 아니라 각자 자신이 가진 능력과 에너지만큼 새로운 삶을 꾸려 가는 사람들. 이런 사람들이 모이면 궁극적으로 농부만 있는 농촌이 아니라 다양한 직업을 가진 온갖 사람들이 어울려 사는 '살기 좋은 마을'이 되지 않을까 합니다. 아직은 아득히 멀게 느껴지지만 꿈꿔 봅니다.

유기농 피플

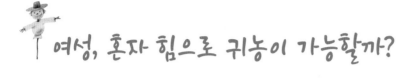

여성, 혼자 힘으로 귀농이 가능할까?

김은실 | 언젠가 에너지가 바닥나면 맨 마지막까지 남을 것은 단순함이라 생각한다. 두 발로 걷고, 손을 사용해서 쓰는 도구들로 일하고, 자연에서 나오는 것을 먹는 단순함. 지구가 어떤 용틀임을 하더라도 변치 않고 할 수 있는 것들을 위해 노동하며 단순하게 살고 있다.

경남 합천 황매산 자락에서 농사지으며 생활한 지 10년째이다. 농사를 겨우 열 번째 짓는 것이니 아직 초등학교 저학년 정도에 불과한 경험이지만, 몸과 마음은 시골살이에 익숙해져 도시에서 살았던 세월이 까마득히 느껴질 정도이다. 내가 짓는 농사 규모는 700~800평 밭농사이다. 생활비는 농사짓는 것만으로 충당하고, 15평 작은 흙집에 살고 있다. 농토는 집 옆에 붙은 작은 밭을 제외하면 다 빌린 땅이다. 우리집 식구는 고양이 세 마리와 나, 집 안 곳곳에 사는 거미들과 수많은 벌레들, 그리고 논과 밭에 자라는 작물들이다. 하하!!!

우리 마을은 해발 300m 정도에 위치하는데, 4가구가 전부이다. 그리고

우리집은 앞뒤로 논밭을 끼고 있다. 수십 종류의 곤충과 새와 벌레와 동물들이 우글대며 산다.

그 4가구 모두 젊은 귀농자들이다. 직업 또한 모두 전업농부이다. 직업도 같고 농사짓는 방법도 비슷하여 몇 년 전부터 유기재배 지역으로 인정받았다. 이렇게만 서술하고 보면 아주 천상낙원 같은 조건으로 보이지만 꼭 그렇지만은 않다. 사방이 소나무로 둘러싸여 공기도 맑고 물도 좋지만, 소나무산의 특징은 땅이 척박하다는 것이다. 지금은 귀농 첫해에 비해 땅이 많이 만들어져 농사짓기에 훨씬 수월하지만 내가 귀농하던 때만 하더라도 그렇지 않았다. 질찰흙 땅은 딱딱하고 배수가 잘되지 않았을뿐더러 고도가 높기 때문에 작물이 늦게 자라고, 일조량도 조금 적고, 기온도 아랫동네랑 1~2도씩 차이가 나서 작물들이 열매 맺고 익는 속도가 늘 느렸다. 그러니 당연히 수확량도 적을 수밖에…. 귀농 둘째 해까지는 땅이 너무 딱딱해서 생강을 캘

밭에는 여러 종류의 콩과, 고추, 토란 등 토종 작물이 자란다. 귀농해서 살아 볼수록 자급을 위한 노력을 하면 좋겠다는 생각이 드는데, 그것이 토종종자로 짓는 먹을거리 자급이었으면 한다.

때 곡괭이로 겨우 캘 수 있었다. 지금은 흙을 부드럽게 만드는 데 공을 많이 들여서 비교적 수월하게 캐내는 편이다.

4가구 모두 젊은 귀농자들이라 자금이 넉넉하지 않아 농토는 다 빌려서 농사를 짓는다. 빌린 땅이라 늘 미래가 불확실한 느낌이 든다. 하지만 이 모든 것들을 무거운 부담감으로 느끼며 생활하지는 않는다. 귀농해서 자연과 더불어 살면서 크게 배운 것이 있다면 계획하고, 걱정하고, 고민하지 않으려고 애쓰게 되었다는 사실이다. 삶이 나를 어디로 이끌어 갈지 아무도 모르고, 혹 내가 예상할 수 있는 상황이라 미리 대답을 갖고 그 상황을 맞이한다 하더라도 결과가 내 예상대로 될지 어떨지는 그 시간을 지나쳐 봐야지만 알 수 있다. 그래서 순간순간 최선을 다해 생활하되 지나치게 걱정하거나 계획하려 하지 않으려고 노력하며 산다.

이런 마음이라면 가능하지 않을까?

이곳에서 10년을 살면서 수많은 사람들을 만났다. 특히 귀농을 원하는 사람들을 만나게 될 때 제일 많이 받는 질문이 '농사만 지어서 생활이 가능한가'였다. 물론!!! 가능하다. 단, 도시에서처럼 생활하는 것은 곤란하다. 소박하고 불편한 삶이 가능해야만 한다. 더구나 여성 혼자의 힘으로 시골살이를 하는 것은 쉽지 않으므로 각오를 단단히 해야 한다. 농사일은 체력이 많이 소모되는 일이기도 하고, 일의 양이 인원수에 비례하므로 혼자서 일하는 것은 진도도 잘 나가지 않고, 함께 일하는 것에 비해 능률도 오르지 않는 것이 사실이다. 게다가 하루 종일 침묵을 지키며 오직 자연만을 상대하고 일해야 한다. 농사일에 재미를 느끼지 못하면 그런 시간들은 지옥이 될 수도 있다. 그러므로 혼자 귀농하고자 하는 사람들은 혼자서도 재미있게 지낼 수 있는 재능과 농사를 즐겁게 할 수 있는 마음이 필수인 셈이다. 농사의 즐거움을 안다면 매일 같은 장소에 서 있어도 자연은 단 한순간도 같지 않다는 것을 보게 될 것이고, 시간의 속도가 얼마나 빠른지 알게 될 것이다.

어디서 살지?

개인적인 마음가짐이 그렇게 준비되었다면 '장소'를 찾을 차례이다. 혼자 귀농을 꿈꾸는 여성들에게 '장소'만큼 중요한 것은 없다. 시골은 거의 가족을 중심으로 한 마을공동체 형태이다. 여성 혼자 그런 곳에 들어가기가 쉽지 않은 경우가 많다. 내가 처음 이곳에 왔을 때 인근 마을 사람들에게 제일 처음 들었던 말도 "나 같으면 우리 마을에 머리 긴 사람은 들이지 않는다"였다. 그것은 좋고 나쁨을 떠나 그냥 하나의 문화이다. 그래서 여성들은 시골에 이미 사는 지인들을 통해 정착하는 것을 권하고 싶다. 가족 중심의 시골문화 안에서 독신 여성이 끼어들 자리를 만드는 것도 쉽지 않을뿐더러 시골생활을 하면 때론 보호막이 필요할 때가 있으니까. 나는 이런 모든 것들을 깊이 생각해 보지도 않고 전화번호 하나만 달랑 들고 장소 찾기를 시작했었다. 지금 생각해 보면 나처럼 운이 좋은 사람도 드물 것이라는 생각이 들고 '참으로 좋은 이웃들을 만났구나' 하는 생각을 한다.

우리 마을에서 나를 제외한 3가구는 모두 가족공동체이다. 그래서 나는 그들 덕분에 참으로 풍성한 경험을 했고, 그들은 내 시골살이의 시간 동안 내가 알게 모르게 든든한 보호자가 되어 주었다. 낯선 사람이 나를 찾아왔을 때 안전하다고 느껴질 때까지 함께 있어 주는 것도 이웃이고, 뜬금없는 소문의 중심에 섰을 때 내가 알지 못하는 곳에서 나를 변호해 주는 것도 이웃이다. 멀리 외출하고 돌아왔을 때 하루 세 번 다니는 마을버스 시간을 계산하지 않아도 도착 시간을 미리 물어보고 마중을 나오는 것도 이웃이고, 아버지가 위독하셨을 때 한밤중에 전화해도 두말 않고 일어나 고향까지 태워다 주는 것도 이웃이고, 하루 종일 밭에 보이지 않을 때 아프지 않나 들여다봐 주는 것도 이웃이다. 한 마을에 함께 산다는 이유만으로 새로운 가족이 되어 가는 것이 시골살이의 '이웃'인 것이다. 그래서 시골에서 살 장소를 찾는 것은 단지 공간을 선택하는 일이 아니라 새로운 가족을 선택하는 일이다!

어떻게 살지?

그 다음으로는 삶의 형태이다. 농사를 전업으로 할 것인지 아니면 직업을 갖고 있으면서 텃밭농사를 지어 자급을 할 것인지 아니면 또 다른 어떤 것이든지 정해야 한다. 전업농부인 경우 일을 아주 열심히 하겠다는 각오를 해야 한다. 농사지어 돈을 번다는 것이 결코 쉬운 일은 아니기 때문이다. 그렇다고 시골에서 농사 아닌 다른 직업을 갖는 것도 쉬운 일은 아니다. 시골에선 직업의 형태가 다양하지 않기 때문이다. 나는 전업농부이지만 농산물 외에 차를 만들거나 효소를 담가서 판매하는 것으로도 수입을 얻는다. 솔직히 말하면 농산물보다 차나 효소를 판매하는 것이 노동량에 비해 수입이 훨씬 더 좋다. 하지만 그럼에도 농산물을 판매할 때가 제일 기분이 좋은 걸 보면 어쩔 수 없는 농부 팔자인가 보다.

그렇지만 우리 같은 소농들은 농사만 지어선 생활비를 다 충당하지 못한다. 부수적인 수입을 만들 그 무엇이 필요하다. 차를 덖거나 효소를 만드는 일 등을 전혀 모른다고 걱정할 필요는 없다. 나도 이 모든 것들을 귀농한 후에야 배웠으니까. 귀농 전 여러 가지를 살펴보고 어떻게 생활비를 마련할지 생각도 해보았지만 귀농을 하면서 그 생각이 많이 달라졌다. 귀농지마다 특성이 다르기 때문이다. 하지만 깊이 고

효소와 된장, 고추장, 간장 항아리들이다. 효소나 장아찌는 뭐든 주변에 있는 것을 조금씩 먹을 만큼만 그리고 생활비에 보탤 수 있을 만큼만 만든다.

민하지 않아도 된다. 어디서든 내게 필요한 도움의 손길은 늘 있기 마련이니까. 소나무로 둘러싸인 곳에 살면서 이 많은 소나무로 뭐 할 게 없을까 궁리해보기도 전에 송화차 담는 법을 알려 주는 분이 계셨다. 몇 년간 실험해 보며 얻은 귀한 정보를 잘 정착했으면 좋겠다는 맘 하나로 모두 알려 주신 고마운 분. 그분을 통해 어떻게 서로 나누며 살아야 하는지를 배웠다. 새로운 귀농자들이 생길 때마다 나도 그분처럼 그들에게 나눠 줄 것이 없나 살피게 되었으니까.

돈은 얼마가 있어야 하지?

귀농의 요건 중 가장 다루기 힘든 것은 자본이다. 특히 귀농하려는 젊은 이들이 돈이 없는 것은 너무나도 당연한 것이다. 자본이 없어도 귀농은 할 수 있다. 대신 여러 요건들을 맞출 수 있는 장소를 찾는 것이 그리 쉽지 않다는 전제는 있어야 한다. 우선, 기거하는 곳은 빈집을 구할 수 있다. 하지만 요즘은 빈집이 그리 흔하지 않다. 비어 있는 집은 많은데 그 집을 내놓으려고 하지 않기 때문이다. 여성의 경우 집의 위치나 안전성 등을 염두에 두어야 하므로 빈집이 있다고 해서 아무 곳이나 선택할 수 없다는 한계가 있다. 그리고 빈집은 주인이 원하면 언제든 집을 비워 줘야 하기 때문에 매우 유동적이라는 한계도 있다. 시골은 도시에서처럼 계약서 같은 것을 쉽게 써주지 않기 때문에 유동적인 것을 막을 수 있는 방법도 사실은 없다. 그럼 다른 방법은? 전세를 얻는 경우가 있다. 어쩌면 이것이 더 속편한 방법일 수는 있다. 하지만 전세를 놓는 곳이 많지 않다는 한계가 있다. 그리고 전셋집이 있는 곳은 논밭과 많이 떨어진 면 소재지인 경우가 많아 농토를 찾기 어렵다는 한계가 있다.

우리 동네엔 작은 저수지가 세 개 있는데, 연근과 연잎차를 즐길 수 있도록 연밭을 만들었다. 동네 사람들이 쓰는 물이 다 저수지로 내려간다. 그래서 재생 비누를 쓰며 우리가 농사짓고 먹는 물을 지키려고 노력한다.

자금이 있다면 땅을 구하고 집을 마련하는 것이 제일 좋은 방법이다. 농토와 집을 다 구하려면 자본이 너무 많이 들기 때문에 둘 중 하나만 선택하는 것이 보편적이다. 그럴 때 여성에겐 가능하면 집을 먼저 장만하라고 말하고 싶다. 농토는 집보다 빌리기가 훨씬 쉽기 때문이다. 여성은 아무래도 안전한 장소가 있어야 생활하기도 편하고 맘도 편안하기 때문이다. 하지만 그러자면 자본이 좀…, 좀 많이 필요하다는 한계가 있다. 이런 많은 한계들이 있건만 가능하다고 말하는 것은 어폐가 있다고? 물론 맞다. 하지만 그것이 현실이고, 그럼에도 정착해서 사는 사람들이 있으니 어찌 불가능하다고 할 수 있겠는가! 집이나 땅은 그들이 주인을 선택한다고 말하기도 한다. 어떤

이는 몇 년 동안 마을을 들락거려도 집이나 땅을 구하지 못하는 데 반해 또 어떤 이는 마을을 방문한 지 얼마 되지 않았는데 땅을 구하는 경우가 있기 때문이다.

농사짓는 방법에 대한 것을 제외한 개괄적인 부분들에 대해 얘기해 보았는데 벌써 지면이 다 차 버렸다. 도움이 되었으려나? 마지막으로 다시 한 번 강조하고 싶은 말은 지금까지 서술한 모든 내용들은 내 경험에 바탕을 둔 얘기라는 사실이다. 나와는 전혀 다른 경험을 한 사람이 글을 쓴다면, 내 글과는 정반대가 될 수도 있다는 것을 기억해 주시길!

그리고 가능하면 먹을거리를 스스로 길러 먹기를 진정 권하고 싶다. 씀씀이를 줄이는 것이 가장 큰 소득이기도 하고, 자신이 기른 먹을거리가 가장 건강한 것이기도 하기 때문이다. 또 살아 볼수록 어떤 형태의 귀농이든 자급을 위한 노력을 하는 것이 좋겠다는 생각이 들어서다. 나는 거의 토종종자로 씨 뿌리거나 모종을 내어 키워 먹는다. 종자를 사서 하는 것은 판매해야 하는 감자, 양파, 일반 고추, 생강이 전부이고 그 외의 30여 가지 작물들을 토종종자로 길러 먹는다. 토종종자를 보존하는 의미도 있고, 모종 값도 들지 않으니 일거양득이라 널리 전파하는 중이다.

용기 있는 분들의 신나는 발걸음이 끝없이 이어져 마을마다 사람 사는 소리로 북적이는 그날을 기대해 본다.

영화 아닌 다큐멘터리 제주살이

이라연 | 무수한 돌, 바람, 사람 들에 휩싸인 채 6년째 제주살이 중이다. 해를 거듭해도 여전히 알쏭달쏭한 농사일. 그래도 농사를 짓기에 맺어지고 이어지는 관계들이 참 고맙고 소중하다.

빡빡한 도시의 삶에 찌든 이들에게 제주는 파라다이스. 쪽빛 바다, 보드라운 모랫결, 까만 돌담 사이로 막힌 데 없이 펼쳐지는 들판과 따스하고 나른한 바람이 살랑이는 저 남쪽 끝섬. 그런 곳에 내 한 몸 누일 작은 돌집과 귤나무 몇 그루만 있다면.

이 정도의 낭만까지는 아니었지만 '농사'와 '물질'에 대한 기대만 가지고 이렇다 할 계획이나 준비 없이 무작정 살러 온 제주는, 게다가 때는 1월로 매서운 북서풍, 얇은 벽과 여름 위주로 설계되어 대책 없이 크기만 하고 허술한 유리창 틈으로 몰아쳐 매우 추웠다. 오일장 신문(육지의 무가지 '벼룩시장' 같은 것)에 나온 광고를 보고 연세 200만 원에 빌린 집은 작은 우영(텃밭) 외에도 100평 남짓한 밭이 붙어 있었다. 하지만 이것만으로는 부족해 더 빌리려고 알아보니 생각보다 밭세가 턱없이 비쌌다. 평균 평당 2,500원 꼴이니 500평 정도면 100만 원이 넘는 세를 내야 하는데 그건 우리가 짓고 싶은 농사 방식으로는 감당하기 어려울 것이었다. 경자유전. 농사짓는 사람이 땅을 소유하지 못하는 건 그 옛날이나 요즘이나 비슷비슷.

밭을 빌려 농사짓는 건 잠시 보류하고 일단 현지 농부들의 도움을 받으려고 서울의 한살림에서 일하는 친구에게 연락해 우리 동네 근처 한살림 생산자 분을 소개받고 그분 밭과 하우스에서 품일을 했다. 그리고 그분의 이웃이었던 한 언니 농부와 알게 되면서 여성농민회와의 인연이, 언니들과의 인연이 시작되었다.

언니들의 첫 인상은 다큐멘터리 〈땅의 여자〉의 제주 버전. 제주의 자연처럼 막힌 데 없이 밝고 씩씩들 하다. 제주 토박이에 촌이 고향이지만 농사를 짓지 않다가 시내나 육지에서 학업을 마치고 결혼과 동시에 농민운동을 하기 위해 남편들의 고향 시골로 20대 중반쯤 귀농, '역이주'한 것이다. 아무리

자기 고향이라지만 보수 성향이 강한 시골에서 '빨갱이'나 '데모꾼'으로 낙인 찍혔고 농사도 초보라 이런저런 시행착오를 겪으며 세월이 흘렀다. 그 사이 농사도 짓고 농민운동도 하고 아이도 낳아 기르며 어느덧 스스로 정말 여성 농민이 된 언니들.

일부는 관행농법으로 짓지만 그래도 많은 언니들이 제주 밭작물 유기농업의 1세대 격이다. 그런 언니들에게 도시내기 우리가 신기하고도 반가웠을 것 같다. 농촌을 떠나는 제주의 젊은이들과 달리 제 발로 걸어왔으니. 흙 밟고 농사지으며 살고 싶다고. 비록 부푼 마음과 달리 현실적인 고민이 다소 부족했다 하더라도.

언니들의 환대와 도움이 없었다면 이미 제주를 떠났거나, 더욱이 농사는 상상하기 힘들지 않았을까. 덕분에 무상으로 밭을 빌렸고 첫 집의 계약 기간이 끝날 무렵엔 거의 공짜다시피 살 수 있는 집을 얻었다. 처음에는 알음알음으로만 지내던 우리도 여성농민회 회원이 되었다. 시민단체 활동가를 끝으로 어떤 틀이 있는 조직에도 들어가고 싶지 않았지만 언니들끼리의 정다운, 끈끈한 네트워크가 좋았고 나도 이제 농촌에서 농사짓고 사는 여자 농부, 여성농민이니까 거의 100퍼센트 기혼자로 구성된 여성농민회에 비혼 여성농민으로서의 목소리도 필요하겠다 싶었다.

그러는 3년 사이 여러 변화가 일어났고 가장 큰 변화는 모둠살이의 구성과 해체. 둘이 내려왔다 셋이, 넷이 되었고 저마다의 사정으로 다시 셋, 둘 그리고 다시 하나. 지나고 보니 낯선 땅에서 서로 의지도 됐고 함께여서 더 즐겁기도 더 복닥대기도 했다. 더 이상 어리지 않은 여자들이 결혼도 않고 시골에서 여럿이 함께 사니 동네 어르신들에겐 걱정거리요, 재밌겠지만 그렇게 오래 살 수는 없을 거라고 언니들은 보았고, 뭇사람들에겐 '종교공동체냐'는 둥 별의별 상상을 하게끔 했다.

그렇게 사니 어떠냐는 질문을 많이 받곤 했는데 둘이 살면 두 배로 좋고 두 배로 힘들고, 셋이면 세 배의 즐거움과 고민이, 넷이면 네 배의 고락이 따른다는 게 나의 대답. 시절 인연으로 만났고 검은 머리 파뿌리 되도록 함께 하겠다는, 상투적이고도 비현실적인 약속을 한 것도 아닌 우리는 그 인연이 다해 헤어졌다. 서로 생각과 속도가 다른 사람들이 함께 살고 농사짓는 게 때로는 불편하고 힘들기도 했는데 지나간 것은 모두 그립고 추억은 아름답기만 하다.

유랑하는 밭에서

첫해 첫 밭은 '곶자왈밭'. 자전거를 타고 15분 정도 달리면 300평, 200평짜리 밭이 마주보고 있었는데 소나무숲 속에 있는 묵은 밭으로 억새와 쑥들이 장악하고 있었다. 낫으로 베고 골갱이(육지의 호미)로 캐고 불을 지르고. 그 밭에서 감자, 고구마, 밀과 보리, 들깨, 목화, 울금, 호박을 심고 거뒀다. 거름기 없고 나무가 밭을 둘러싸 볕이 부족했고, 습했고, 노루는 늘 우리보다 먼저 맛을 보았다.

그해 두 번째로 빌린 밭은 '알밭'. 길 없는 맹지로 사방이 남의 밭으로 둘러싸여 있었다. 이 밭 또한 묵은 밭으로 억새와 쑥 그리고 돌이 많았다. 500평의 쑥을 사람 손으로 다 잡을 수 있었을까. 마늘과 서리태, 어금니동부, 쥐눈이콩, 감자, 양파, 팥, 땅콩과 수수, 옥수수, 호박을 심었다. 그러나 세 번의 큰 태풍이 지나가면서 남아난 게 거의 없었다. 어금니동부는 꿩들과 반반씩 나눠 먹었던 것 같다. 밭에 들어설 때 일제히 날아오르는 30~40마리의 꿩떼를 볼 때의 마음이란.

또 다른 밭은 동네언니 하우스 앞과 뒤에 붙은 작은 밭으로, 합치면 150평쯤 되었으려나. 서리태와 온갖 토종콩들, 감자와 옥수수를 심었고, 담벼락에는 검은동부와 갓끈동부, 까치콩을 돌렸다. 밭 가운데로 물이 차고 하우스 그늘에 가려 볕이 부족했지만 하우스 창고를 농막 삼아 쉬기도 좋고 수확 후 운반이 쉬워 좋았다.

2년째에는 밭 하나가 더 추가됐다. 세화라는 옆 동네에 있어 '세화밭'. 자전거로 15분 달려야 닿는 곳으로 역시 묵은 돌밭이었다. 하지만 기름진 자갈 돌밭이라는 말과 볕이 잘 들어 밭세 5만 원에 덥석 물었다. 토종 삼다메조와 수수, 팥과 땅콩, 60일 토종참깨, 제주밭벼인 산듸를 심었다. 팥과 깨는 참 잘됐는데 나머지는 씨만 겨우 건지고 끝났다.

혼자 남은 세 번째 해에는 먼 '곳자왈밭'과 '세화밭'에서 혼자 농사짓는 게 무리라고 여긴 주변 분들의 도움으로 그 밭들을 놓고 동네 안에 밭 두 곳을 얻었다. 맹지도 아니고 묵은 밭도 아닌 나름 온전한 밭 두 곳이 혼자 남은 내게 위로의 선물처럼 주어졌다. 그중 한 밭은 까치인지 꿩인지가 한 알 한 알 심은 콩을 흔적도 없이 먹어치운 데다 중간에 밭주인이 바뀌어 놓게 되었고 남은 한 밭은 고구마와 쥐눈이콩, 토종 오리알태, 어금니동부, 팥과 돌팥, 까치콩, 땅콩을 심고 거뒀다. 늦여름에 심은 겨울감자는 1월에 캤다.

네 해 째에는 씨앗을 다 뿌린 뒤 밭주인이 농사짓겠다고 돌려 달라 했고, 다섯째 해에도 새로운 밭을 구해야 했고…. 그렇게 해가 가도 유랑하는 신세를 면하지 못했다.

소농으로 소신껏 살기 어려웠지만 그래도…

비닐멀칭을 하지 않고 되도록 경운하지 않았다. 삭힌 오줌 외에 비료나 퇴

비를 넣지 않았다. 파종에서 수확, 수확 후 건조와 탈곡, 선별 모두 손으로. 도시에선 새해에 달력을 받으면 휴일부터 셌는데 시골에서 살면서 그러지 않게 됐다. 너무 힘들 땐 비가 오기만을 기다렸다. 비요일이 노는 날이니까. 노지 농사는 땅과 벌레들, 새들, 하늘과의 협업, 동업이었다. 그리고 이렇게 농사지은 것들의 가치와 의미를 아는, 이런 삶을 지지하는 개념 있는 소비자들이 있을 때 완성되는 것이었다.

시골에 와서 이렇게 살며 농사짓는 것 모두 스스로의 선택이라 가끔은 남의 탓을 할 수 없는 게 참 힘들었다. 땅심 키우는 농사를 짓고 싶은데 땅심은 빨리 빨리 올라오지 않고 새들마저, 노루들마저 적으로 느껴질 때. 길 없는 밭에서 수확한 20kg 양파망을 남의 밭 돌담 넘어 긴긴 비포장길 따라 오뉴월 땡볕 아래 하나하나 져 나를 때. 잘 마르던 고추나 무말랭이가 예보

없던 비를 맞고 곰팡이 펴 몽땅 버려야 할 때. 낡은 지붕은 막아도 자꾸 새는 비에 벽은 젖어들고 쥐가 자꾸 살림을 넘볼 때. 한 해를 꼬박 밭에서 살았는데 손에 쥐어지는 돈은 시급 500원에도 못 미칠 때. 농사가 좋긴 하지만 이렇게 죽도록 농사만 지으려고 시골로 온 건 아니라는 생각이 들 때. 집도 밭도 내 것이 없어 언제 잃을지 모른다는 불안감에 휩싸일 때. 3년이 지나도 여전히 자립하지 못하고 남들의 도움으로 살아가고 있다는 생각이 들었을 때. 동네 어른들 말대로 사람도 농사처럼 때가 있는 법인데 인생 시기의 어떤 중요한 것들을 놓치고 사는 게 아닌가 싶을 때. 그럴 때 힘들었다.

시골에서 햇살 아래 바람결에 사브작사브작 농사짓고, 필요한 것들은 얻거나 줍거나 만들고, 틈틈이 여행하고 책 읽으며 사는 게, 버려야 하는 욕심 같아서.

당신의 반농반X는

6년 전 사전 조사도 부족한 채 너무 계획과 준비 없이 '무작정' 내려왔다. 100퍼센트 준비하고 내려오려 했다면 어쩌면 못 떠나왔을지도. 무모했기에 첫발을 내딛을 수 있었다. 3년을 보내고 4년 차에 접어들 때는 내 삶의 뿌리가 이다지도 허약했던가, 묻고 또 물을 정도로 농사뿐만 아니라 삶 전체가 흔들흔들거리기도 했다. 그러나 그동안 제주에서 내린 실뿌리들이, 선뜻 뒤돌아서 떠나가지 못하게 막아섰다. 한 식구처럼 지내는 옆집 삼촌과 여성농민회 언니들, 어느새 곁이 늘어난 또래의 육지 친구들과 아기 때부터 함께 살아온 검은 고양이 머루가 이 모든 흔들림에도 다른 곳이 아닌 이곳에서 다음 길을 모색해 보라고, 여기서 함께 살자고 했다. 어느덧 너무나 익숙해진 풍경들과 어린왕자와 여우처럼 서로에게 길들여진 수많은 관계들. 시골의 삶은 도시에서보다 땅과도, 사람과도 관계의 밀도가 높아서일까 정착이 어려운 만큼 떠나가기도 어려웠다.

언제까지나 영화 〈안경〉에 나옴직한 고요하고 한적한 바닷가 마을일 줄 알았던 동네에 최근 1, 2년 사이 이주해 오는 사람들이 부쩍 눈에 띄게 늘었다. 그와 동시에 하나 걸러 빈집이었던 동네가 금세 사람들로 들어찼다. 빈집이 채워진 다음은 밭에 집들이 들어서는 것. 읍내엔 공터가 하나둘 사라지고 그 자리엔 3, 4층짜리 신축 연립과 빌라가 들어섰다. 지난겨울까지만 해도 당근과 무가 심겼던 밭에도 야금야금 건물이 올라갔다. 전(田)이 대지(垈地)가 되는 건 순식간. 경관보전지역이나 절대농지란 서류상으로만 존재하는 건가 보다. 이주와 함께 제주에 분 건설과 부동산 투기 붐은 무섭게 밭들을 잡아먹으며 땅값을 훌쩍 올려 버렸다. 이 와중에 집에서 가까운 곳에 제주 제2공항 발표가 나면서 땅값은 또 한 번 크게 요동쳤다. 가진 돈에 맞는 작은 집이 나와 밭과 집을 두고 고민하다 집을 먼저 산 게 불과 3년 전, 나중에 돈이 모이면 차차 자그마한 밭도 마련하며 정착의 기반을 다지려던 계획은 더 이상 이룰 수 없는 꿈이 되고 말았다.

정성들여 열심히 농사만 지어도 먹고살 수 있는 세상이라면 좋겠지만 각종 FTA 체결과 농산물 수입 정책에 이젠 GMO 작물 재배까지 도입하며 정부가 먼저 포기하고 농민들을 막다른 길로 몰고 있는 농업에서 자립하는 생태 소농으로 살아내긴 참 어려운 현실이다. 비닐멀칭은 물론 하우스 농사도 지양하고 3무 농법(무경운, 무제초제, 무비료)으로 농사짓고 싶었지만 텃밭 농사나 자급 농사면 모를까 밥벌이 농사는 그렇게로는 도저히 답을 찾을 수 없었다. 애초에 제주로 이주하며 꿈꿨던 '반농반어', 농사짓고 물질하는 삶은 마을 출신도 아닌 데다 마을 사람과 결혼하지 않고서는 마을 바다를 공

유할 수 없는 현실의 벽 앞에 무너지고 말았다. 바닷속을 누비며 자연이 그대로 주는 날것을 얻는, 땅에서는 농사짓고 바다에서 채취하는 삶은, 철모르는 나만의 이상이었을 뿐 현실은 냉정하고 너무도 현실적이다.

지금은 3년 전 샀던 작은 시골집을 고쳐 '반농반숙', 농사짓고 민박을 하며 살아가고 있다. 도무지 농사로는 채워지지 않던 생활비도 벌고 농사지은 것들을 팔 수 있는 거점이 되면 좋겠단 마음으로 시작한 작은 민박집 하나가 생계 고민을 단번에 해결해 주어 고마울 따름이다. 허나 민박이 잘되면 될수록 농사에 대한 생각이 많아지는 요즘, 이러다 농사는 일종의 '상징'으로만 남을까 봐 조바심이 난다. 도대체 나에겐 농사가 뭐기에 꽉 잡지도 혹 놓지도 못하는 걸까. 나보다 앞서, 또는 비슷한 시기에 '귀농' 또는 '이주'의 길을 걸은 사람들은 어떤 고민들 속에 살아가고 있을까.

제주는 지역이 가진 특성상 '반농반X'보다 '반숙반X'가 대세다. 규모의 차이가 있을 뿐 숙박업을 기본으로 하며 개인의 재능과 기호를 살리는 것. 제주와 관련된 디자인 작업을 하고, 그림을 그리고, 목수일을 하거나, 자신만의 뜨개공방을 열고, 작은 식당이나 카페를 운영한다. 아무리 여행자들이 많다 해도 도시처럼 인구가 밀집되지 않은 곳에서 꿈꾸던 일만으로는 생활 유지가 힘든 부분을 비교적 수입이 안정적인 숙박으로 채우는 것. 그렇게 작지만 알차게 자기만의 작업과 공간을 가꿔 가는 사람들이 점점 늘어나고 있다.

하지만 이런 흐름 한편엔 전에 없이 돈 냄새 풍기는 이들의 이주 또한 늘

무말랭이, 갖은 잼과 효소, 장아찌 등 계속되는 저장생활

어나 왠지 모를 위화감과 불편한 감정에 휩싸이기도 한다. 시골에서는 더불어 사는 이웃이 누구냐가 각자의 생활이 개별화된 도시보다 훨씬 중요한데 소박한 이웃보다는 나와 결이 다른 사람들이 점점 더 많아지는 것 같아 아쉽다. 육지에서 소규모로 과일농사를 지으며 그 지역 농산물 꾸러미 공동체 회원으로 활동하다 올해 초 제주로 내려와 함께 사는 짝꿍 또한 그가 살았던 농촌 분위기와 사뭇 다른 제주살이에 아쉬움을 토로한다. 품앗이로 어울려 일도 함께하고 뭐든 공동으로 하는 게 많았던 그곳이 많이 그리운 그와 투덜대긴 하지만 그래도 아직은 제주가 익숙하고 좋은 나. 우리는 어디서 어떻게 살아야 할까.

둘이 함께 좋은 그곳에서

여행에서도 일상을 살아가는 데도 장소와 사람, 모두 다 중요하다. 그리고 각자 일장일단을 가지고 있어 늘 선택은 어려운 것. 살다 보니 인생에서 하는 크고 작은 선택들은 지극히 주관적이었다. 어느새 정든 이웃들과 더 오래오래 다음을 기약하고 싶은 마음과 새로운 곳에서 조금 들뜬 마음을 내려놓고 땅과 더 가까이하며 담백하게 살아가고 싶은 바람의 줄다리기가 오늘도 계속된다. 땅이고 집이고 내 것을 소유하고자 하는 욕망이 가진 것 없는 사람을 더 가난하게 만들기도 하지만 삶의 주도권을 위해서라도 어떤 선택과 결정이 필요한 순간. 이제는 더불어 살되 단단하게 스스로 자립할 수 있는 삶을 살고 싶다. 그 자립의 절반은 농사로, 남은 절반은 내가 오래오래 즐기며 쌓아 갈 수 있는 것들로 채울 수 있다면. 곧 마흔이 가까워 온다. 도래할 40대에는 불혹의 나이답게 살았으면 좋겠다. 당신도 나도 좋은 그곳에서.

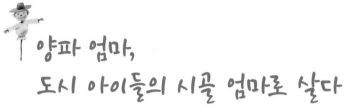

양파 엄마,
도시 아이들의 시골 엄마로 살다

이순진 | 경남 함양 우전마을에서 세 아이의 엄마이자 도시 아이들의 시골 엄마로 살고 있다. 농사는 때 놓쳐 만날 허덕허덕거리면서 애들하고 놀 궁리만 한다. http://blog.naver.com/didvk71

안녕하세요? 전 '양파'랍니다. 별칭이 양파예요. 양파라는 별칭 때문인가요? 시골 들어오면서도 집 구하기 전에 땅부터 구했는데 양파가 심어지더군요. 그런 뒤 마을의 빈집 구해서 이사를 왔답니다. 그리고 양파를 수확해서 양파즙을 팔았지요. 지금도 한살림에 양파를 출하하고 있어요.

몇 해 전엔 마당 한편에 황토 방을 한 칸 들였어요. 옆지기는 '어떤 집을 지을까?' 오래 고민을 했지요. 흙부대 집도 참고를 했는데 그건 별로 맘에 담지 않더라고요. 그런데 결국은 양파망에 황토 담아 벽체 쌓은 '양파망 황토 방'을 지었답니다. 그때 저를 보면서 "안에서고 밖에서고 양파라면 아주

징글징글하다"고 했지요. 지금도 황토 방 벽 한쪽 귀퉁이에 양파가 그려져 있답니다.

제 이름이 양파가 된 건 어린 벗들 때문이에요. 저는 공동육아협동조합의 교사 조합원이었거든요. 공동육아협동조합 어린이집은 아이와 어른이 다 같이 행복하기 위해 협동조합으로 어린이집을 만들어요. 그 안에선 열린 관계를 지향하는데 그 방편의 하나로 별칭을 부르며 지낸답니다. 아이들은 제게 선생님이 아니라 "양파~ 양파~" 하며 같이 놀아요. 어떻게 노냐면 만날 산으로 들로 놀러 다니지요. 자연을 닮은 아이, 자연과 함께 살아가는 아이가 되었으면 하는 바람을 담아 우린 비가 와도 눈이 와도 만날 '나들이'를 다녔답니다. 우리가 늘 안겨 붙었던 서울 마포구 성미산에는 그렇게 해서 '그늘 마당' '시원한 그늘' '비둘기 마당'… 곳곳에 우리만의 마당을 만들고 이야기를 담았습니다.

그런데 사람 욕심이라는 게 그렇게 만날 들로 산으로 다니다 보니, 도시에서 이렇게 감질나고 힘들게 한 조각 자연을 찾을 것이 아니라 아예 시골 가서 살고 싶어지잖아요. 그래 시골로 덜컥 이삿짐 부렸지요. 시골에서 아이들을 만나고 싶었습니다. 정월, 겨울의 한복판에 시골에 들어왔어요. 처음 몇 달은 꿈같았습니다. 빈집 마당 한편에 다행히도 쇠락했지만 충분히 몸 누일 수 있는 흙방이 하나 있어, 기름 보일러(비싸서 때기도 힘든 그림의 떡) 본채 두고 흙방에 오골오골 모여 뒹굴거렸지요. 허나 대부분의 귀농자들이 그렇듯이 저희도 호미 한 자루까지 일일이 사야 하고, 힘들게 씨 뿌려 수확을 하지만 어디에 내야 할지 몰라 전전긍긍하고, 힘겹게 팔아본들 생활이 될 리 만무했지요. 평생 땅 한 뙈기 일구어 보지 못한 도시놈들이 시골 왔다고 덜컥 땅의 수확물로 생활한다는 것도 말이 안 되고요. 좌충우돌, 맨땅에 헤딩…

이런 말들의 참뜻을 알겠더군요.

그렇게 힘들 때 아이들을 만났습니다. 시골 와서 두 해가 지나고부터지요. 들어 보셨나요, 농촌 유학? 처음에 두 딸내미가 2주일을 우리 집에서 보낸다고 왔어요. 와서는 일주일 더 있겠다고 3주를 있더니, 한 녀석은 나중에 아예 한 달을 다시 왔지요. 녀석들 덕분에 제 시골살이가 뿌리를 옳게 내릴 수 있었어요. 시골살이 2년 만에 아이들을 만났는데, 아무리 보고 싶던 아이들이라지만 제가 뭘 알겠어요, 시골생활을. 아이들 때문이라도 열심히 묻고 배우고, 딴 데 한눈 팔 수가 없었습니다.

양파네 농촌 유학

농촌 유학, 말 그대로 도시 아이들이 시골로 유학을 오는 거지요. 학교를 가지 않는 농촌 유학도 있지만 대부분의 농촌 유학 현장은 도시 아이들이 시골 학교를 다닙니다. 교육부에서도 석 달까지는 '교류 학습'이라고 해서 학적을 바꾸지 않아도 시골 학교를 다닐 수 있게끔 인정하고요, 석 달이 넘으면 아예 시골로 전학을 와서 지내요.(그렇다고 학교가 시골살이를 환영하는 것은 아닙니다.)

시골이 없는 아이들에겐 시골을 만들어 주는 거지요. 처음에 와서는 지렁이 하나 보고도 소리를 지르고 거미 한 마리에도 호들갑 떨지요. 밭에 나가면 배보다 배꼽이라고 일은 쥐꼬리만큼 해 놓고 큰소리는 혼자 다 치고요, 빨랫감만 산더미로 쌓아 놓고요. 바로 엊그제도 그랬답니다. 모종을 조매 옮겨 놓고 물을 줘야 한대요. 물통에 물 담을 수 있을 만큼 담아서 물조리개로 물을 주더니 슬쩍 물 먹은 흙을 만져 보더군요.

"어, 이거 갯벌 같다."

"느낌이 진짜 좋아~."

아예 본격적으로 판을 벌이는
데 빈 밭에 땅을 파서 그 안에 물
을 붓고 주물럭주물럭 나중엔 흙
덩이를 만들어 던지는 놀이가 됩
니다. 한 번은 누구 흙덩이가 더
안 부서지고 단단한지, 또 한 번은
누구 것이 더 팍 잘 깨지는지… 정
말이지 "고만 해라!"는 말이 목구
멍에 걸리지만서도 제가 어찌 그만
하라 할 수가 있냐고요, 후후후.

그러다가 여름이면 하나둘 고추도 따고 오이도 따고 토마토도 따서는 "우와
아! 이거 지인짜 맛있어요오!" 할 겝니다. 혹여 도시 집 다니러 갈 때 가져가
라 하면 더 열심히들 손 놀릴 테고요.

농촌 유학은 또 작은 시골 학교를 살리는 일을 합니다. 지금 우리 아이가
다니는 학교는 아이들이 서른네 명이에요. 3학년이 둘밖에 없었는데 성의가
농촌 유학을 와서 셋이 되었어요. 처음에 녀석이랑 엄마 아빠가 책상이 셋
놓인 교실을 보면서 얼마나 재밌게 웃던지요. 어느 지역의 농촌유학센터는
분교였던 학교를 본교로 올려놓기도 하고요, 전라도 한 분교는 폐교가 될 위
기를 벗어나고자 선생님들이 힘을 모아 농촌유학센터를 지역과 함께 열어서
학교가 되살아났답니다. 농촌 학교의 통·폐합 이야기는 오래전부터 끊이지
않고 나오지요, 경제논리를 들이대면서. 그러나 농촌 학교는 단지 학교 하나
가 아닙니다. 학교가 없으면 지역이 그대로 무너져 내리거든요. 학교도 없는

데 젊은 사람들이 누가 오겠어요? 귀농자도 발 들이지 않고 노인네들만 소리 없이 늘어 갑니다.

제가 시골 와서 비는 것 하나가 "제발 우리 학교 사라지지만 말아라"이고, 좀 더 간 큰 바람은 "한 반에 한 열 명씩만 됐음 좋겠다. 아니, 적어도 다섯씩만이라도 되면…"입니다. 그 바람의 한편에 농촌 유학이 있습니다. 시골 학교 아이들에게 친구를 내어주고 또 도시 아이들에겐 시골을 만들어 주는….

아이들과 함께 이루어 가는 꿈, 그리고 삶

이제는 조금 더 시선을 올려봅니다. 지금까지는 내 아이 키우랴, 그 많은 농사일 하랴, 도시 녀석들 엄마 노릇까지. 마음은 있지만 에너지를 집중할 수 없어 깔짝거렸다면 지금은 시골 아이 도시 아이 선 긋지 않고 '우리 아이들'로 '교육공동체'로 바라보는 시선이 생겼습니다. 해서 한 달에 한 번이라도 모두가 함께할 수 있는 공간을 만들어 봅니다. '놀자 마당'이라는 이름으로 전래놀이판도 짜 보고요, 산에서도 놀아 보려고요. 시골 아이들도 힘들거든요. 몸은 시골에서 살지만 생활은 도시와 다르지 않아요. 아빠는 농사 짓고 엄마는 돈 벌러 나가십니다. 엄마 아빠 농사일 옆에서 보며 함께 일하는 가르침, 이미 힘들어졌어요.

학교는 도시와 시골 다르지 않고 오히려 도시에나 맞을 법한 내용을 시골 학교에서 배우지요. 또 학교를 마치면 학원으로 아니면 지역아동센터로 자리를 옮겨서 늘 어른들이 만들어 놓은 프로그램과 틀 안에서 머뭅니다. 마을에 아이들이 없기 때문에 놀 수 없는 것도 큰 문제지요. 그러니 시골놈들도 시간만 나면 스마트폰과 컴퓨터 앞에서 게임만 합니다. 놀 시간도 없고 스스로 놀 줄도 모르는 아이가 되어 가고 있어요. 사회가 위기인데 여기 시골이라고 다르겠어요?

그래서 하는 얘기인데요, 시골에 와서 꼭 농사만 짓는다 한정하지 마세요. 농사에 자신이 없는 분들도 귀농을 꿈꾸세요. 시골에도 좋은 사람들이 많아야 하거든요. 시골에도 사람 사는 곳이라 좋은 밥집도 있어야 하고요, 문방구도 있어서 여기에 책 읽을 수 있는 공간 한 칸 만들어 주시는 분들 있으면 좋겠고요, 괜찮은 병원도 필요해요. 아이들과 호흡할 수 있는 선생님들이 오시면 더 반갑고요. 다양한 사람들이 와서 여기 지역사회가 다양해지고 얘깃거리가 많아지면 좋겠습니다.

며칠 전 시골 촌놈들이 산에서 놀았던 이야기 들려 드릴게요. 모처럼 아이들이랑 산엘 갔습니다. 간단한 먹을거리 챙겨서 산에 갔더니만 놈들, 이럽니다.

"엄마, 여기 이거 삿갓나물 아니야?"

"어, 여기 고사리 있다. 엄마, 이거 딸까?"

"이 산엔 우리 황석산보다 나물이 별로 없네."

둥굴레가 있기에 가르쳐 줬더니 몇 걸음 못 가 둥굴레 캐고 또 캐고…. 캐면서 한다는 말, "엄마, 이거 꼭 물 끓여 줘야 돼!" 정말이지, 촌놈들입니다. 저 같은 도시내기들은 그저 눈으로 휘휘 둘러보며 산길이나 걸을 것을, 이 놈들은 완전히 물 만난 고기들이 되네요. 이날 우리는 내려오는 걸음으로 한 20분쯤 갔을까? 산에서 나물 뜯고 캐고 또 띠풀 뜯어 풀인형 만들고 솔방울로 야구하며 재미나게 놀다 내려왔답니다.

가끔 아이들을 만나면서 자신 없을 때가 있습니다. 미안할 때도 있고요. 그럴 때 이런 생각을 해요. '내가 뭘 얼마나 아이들에게 줄 수 있겠어. 그게 어리석음이지. 자연이 알아서 품어 줄 텐데. 저 앞산이 그리고 뒷산이, 논과

밭이 알아서 가르쳐 줄 텐데. 이 자리에 내가 있어 주기만 해도 큰일 하는 거야.' 그렇게 못난 사람이 위안받으며 움츠렸던 어깨 편답니다.

전 참 운이 좋은 사람입니다. 아직도 무척 아름다운 우리 마을에 아무런 연고도 없이 발 딛게 되었고요. 또 고맙게도 세 아이의 엄마가 되었습니다. 두 아이는 여기서 태어나 이 우전마을이 고향이 되었으니 그야말로 축복이지요. 그리고 제가 좋아하는 아이들을 만나고 있잖아요. 오래오래 꿈 간직하면 이루어지는 걸, 살면서 경험했습니다. 시골 오는 것도 또 아이들과 함께하는 꿈도 10년, 20년 그냥 담아 놓고 살았더니 그렇게 되더라고요. 크게 보채지 말고 꿈꾸세요. 그 꿈이 어느 날 삶이 된답니다.

참고로, 어른은 힘들 수 있어도 아이들은 정말 좋으니까 아이들 때문에 귀농을 망설이지 마시라고 하고 싶네요. 두 아들 얘기를 잠깐 할게요. 지난 봄, 막내 은초랑 볼일을 보고 집에 돌아오니 아들 둘이 "어머니 큰일 났어요 큰일…" 하면서 달려와요. 뭔 일인가 했더니 일요일에 옮긴 고구마 모종이 다 죽어간다고 글쎄, 둘이서 열심히 물을 주었더라고요. 호스에 작은 구멍이 나서 물이 세는 걸 기특하게 수도 테이프랑 검정 테이프로 단단히 감아서 고구마 모종마다 일일이 물을 주었답니다. 해는 집에 갈 차비를 한다고 빛깔을 달리하는 중에 우리 아이들은 맨발로 밭고랑 사이를 부지런히 훑으며 고구마를 돌보고….

그날 저녁 남편에게 그랬답니다.

"우리 아이들 정말 이쁘더라. 누가 시킨 것도 아니고 시켜도 안 한다고 할 판인데…. 다른 잣대로 아이들 괴롭히지 말고 지금 이 모습 소중히 여기고 지금처럼만 크면 좋겠어."

꿈꾸면 이루어진다고 했지요. 하지만 시골 와서는 특별히 담아 둔 꿈 없이 뿌리내리기 위해 고군분투했습니다. 이제 꿈을 꾸어야 할 때가 된 것 같아요. 우리 아이들이 하나라도 농부가 되는 꿈? 그러기 위해선 시골 마을이 더 풍요롭고 재미난 곳이 되어야겠지요.

발달장애 아이들의 '꿈이 자라는 뜰'

최문철 | 동네에서는 털보 또는 보루라고 불린다. 풀무학교 생태농업전공부에서 농사와 마을살이를 배우다가 그대로 눌러앉았다. 논농사, 밭농사에 사람농사와 기록농사를 조금씩 섞어 지으며 살고 있다. www.greencarefarm.org

꿈이자라는뜰 농장은 충남 홍성군 홍동면에 자리 잡고 있습니다. 매주 가까운 초·중·고등학교에 다니는 발달장애 학생들이 찾아와 함께 텃밭농사를 짓습니다. 얼마 전 중등 텃밭교실에서 있었던 일입니다. 관찰그림을 그려 보자고 하면, 언제나 자기가 좋아하는 상상 속 애니메이션 캐릭터만 그려 내던 혁이가 그날은 자기 텃밭 앞에 오래 앉아 있었습니다. 그것만 해도 놀랄 일인데, 자기 텃밭에 심어 놓은 금잔화를 꼼꼼하게 그려 낸 것을 보고 다시 한 번 놀랐습니다. 다른 친구들의 텃밭활동을 살피고 돌아와 보니 멋지게 색칠까지 해서 마무리했더라고요. 강렬하면서도 사실적인 표현을 보고 깜짝 놀라지 않을 수 없었습니다. 담당 특수교사도 놀라긴 마찬가지였습니다. 자

폐성향의 발달장애를 가진 혁이의 이런 모습은 결코 작은 변화가 아니었으니까요.

텃밭에서 일어나는 작은 변화들, 작물과 어울려 핀 꽃들을 꼼꼼하게 관찰하고 그림으로 기록하는 일. 어찌 보면 별일 아닌 것 같지만, 꿈이자라는뜰은 이런 활동을 매우 중요하게 생각합니다. 꿈뜰이 왜 관찰그림을 중요하게 여기는지 이야기하기 전에, 먼저 꿈이자라는뜰이 어떻게 시작되었는지부터 이야기하겠습니다.

올해 중학교 1학년이 된 혁이를 처음 만난 것은 혁이가 초등학교 1학년이었던 2010년, 꿈이자라는뜰 텃밭교실 프로그램을 처음 시작한 해였습니다. 맨발로 흙을 밟으며 좋아하던 혁이의 앳된 모습이 아직도 생생하게 기억납

혁이의 금잔화

니다. 꿈이자라는뜰은 홍동초등학교, 홍동중학교, 풀무고등학교에 다니는 발달장애학생들이 농사를 직업으로 가질 수 있으면 좋겠다는 생각에서 출발했습니다. 초·중·고 12년 동안 꾸준히 농사를 짓다 보면, 느리고 오래 걸리는 우리 아이들도 여기 농촌에서 농사를 짓고 살 수 있지 않을까 하는 생각에서였지요. 그래서 2009년 가을, 초·중·고등학교가 공동으로 '특수교육 대상 학생을 위한 직업교육과정'을 시작했답니다.

이 과정을 처음 생각해 낸 초·중학교 특수교사 선생님 두 분은 이 과정이 최대한 오래 지속되고, 제대로 진행되려면 학교 울타리를 넘어 마을과 연결지어야 한다고 생각하셨습니다. 그래서 초·중·고는 물론이고, 장애와 관련된 마을 사람들과 함께 넓은 준비모임을 꾸리셨지요. 준비모임에서도 같은 생각이 이어졌습니다. 학교장이 바뀌어도, 특수교사가 바뀌어도, 예산과 정책이 바뀌어도 이 교육과정이 갑자기 사라지지 않으려면 일을 맡을 사람이나 농장을 모두 학교 밖에서, 그리고 마을 안에서 찾아야겠다고 생각한 것이지요. 마침 풀무학교 생태농업전공과정(풀무전공부) 창업(졸업)을 앞둔 제가 인연이 닿았고, 함께 시작하게 되었습니다.

풀무전공부에 입학할 즈음 저의 개인적인 바람은 농사로 온전히 자립하는 것이었습니다. 한 10년쯤 지나 농장이 자리를 잡고 나면, 장애인, 노인, 이주민과 함께 농사를 짓는 기회를 만들 생각이었지요. 하지만 전공부 2년을 지내는 동안 혼자서는 도저히 농사로 자립하는 것이 불가능하다는 것을 알게 되었습니다. 그래서 도움도 받으며 살자, 주어진 일을 받아들이자, 혼자서 다 만들어 놓고 누군가를 초대할 게 아니라 처음부터 우리 농장을 함께 만들어 가자, 하고 생각이 바뀌었습니다. 지나고 보니, 제 경우엔 그렇게 생각이 바뀐 덕분에 지금 여기에 안착할 수 있지 않았나 싶습니다.

　　장애와 농사를 연결하는 일은 전혀 새로운 일이었습니다. 비슷한 선례를 찾아보았지만, 장애든 비장애든 텃밭과 교육을 접목한 시도를 당시엔 거의 찾아볼 수 없었습니다. 장애인과 함께 농사를 짓는 농장만 두어 군데 있었을 뿐입니다. 농사를 잘 모르는 특수교사와 장애를 잘 모르는 농부들은 우선 각자의 영역에 대해 서로 알려 주고, 책을 찾아 같이 읽는 공부모임을 만들었습니다. 달리 뾰족한 길이 없으니 일단 시작해서 몸으로 부딪혀 볼 수밖에 없었고, 달마다 꾸준히 만나 수업과 아이들에 대한 이야기를 하면서 낯선 일 년을 보냈습니다.

텃밭농사, 몸과 마음과 관계를 이롭게 하는 농적 자극

　　꿈이자라는뜰의 텃밭교실을 처음 시작할 무렵에는 어떻게 하면 장애를 가진 학생들에게 농사기술을 가르칠 수 있을까, 여기에 초점을 맞추었습니다. 하지만 농사가 직업교육을 넘어 건강한 사람으로 성장하는 데 매우 유익한 과정, 즉 전인적인 교육과정이라는 것을 깨닫는 데는 그리 오랜 시간이 걸리지 않았습니다. 설령 나중에 농부가 되지 않는다 할지라도, 함께 농사를 지었던 시간들이 또 다른 어떤 직업을 가지기 위해서 필요한 다양한 삶의 기술을 익히는 데 더없이 훌륭한 자극이 된다는 걸 알았지요. 농사를 농업, 그러니까 직업과 산업으로서만 한정하는 것은 빙산의 일각만 보는 것이었습니다. 그 이후부터 꿈이자라는뜰의 텃밭농사는 전인교육으로서의 텃밭농사,

몸과 마음과 관계를 고루 이롭게 하는 텃밭농사를 고민하게 되었습니다.

농사는 자연과 연결되어 생명을 돌보고 도구를 다루는 일입니다. 끊임없이 눈, 귀, 코, 입, 살갗, 오감으로 느끼고 머리로 생각해서 일해야 합니다. 손, 발, 몸을 때로는 힘 있게, 때로는 정교하게 움직여서 일해야 합니다. 스스로 알아서 일하거나, 지시를 따르거나, 여럿이 어울려 대화하며 일할 수 있어야 합니다. 때문에 잘해야 하는 일, 돈 버는 일로 생각하면 장애와 농사는 도무지 맞지 않습니다. 하지만 농사를 생산성이나 수익이라는 결과가 아니라 배움의 과정으로 바꿔 생각하면 농사만큼 다양하고 풍성한 자극을 주는 일이 또 없었습니다.

사람의 몸, 오감과 근육은 자극에 반응합니다. 다양한 자극을 받으면 받을수록 감각과 근육의 기능은 조금씩 성장합니다. 반대로 꾸준히 이어지던

자극이 엷어지면 몸의 기능은 퇴화하기 시작합니다. 팔을 다쳤을 때 깁스를 해서 오래 고정해 놓으면 있던 근육도 점점 사라지는 것처럼요. 보청기를 끼면 귀는 '아직 들린다'는 자극을 받고 퇴화를 늦춘다고 합니다. 물론 모든 자극이 만병통치약처럼 성장을 보장하지는 않습니다. 하지만 상대적으로 무딘 몸일수록 다양한 농적 자극을 만나게 하고, 그중에서도 반응하는 자극을 찾아내는 노력은 매우 중요한 일이라고 생각합니다.

마음도 역시 자극에 반응합니다. 텃밭이 주는 자극, 농장의 분위기, 친구들의 눈빛과 선생님과의 대화에 마음은 반응합니다. "농업에 대한 애착은 입맛에서부터 시작해야지요. 의무감이나 머리가 아니라. 봄나물, 여름 오디, 가을 메뚜기는 저절로 나는 데다가 맛도 있고, 영양도 좋고 참 좋습니다." 풀무학교의 큰스승인 홍순명 선생님께서 해주신 말씀입니다. 마음 밭을 일구는 일이 텃밭을 일구는 일처럼 눈에 훤히 보이면 좋겠는데, 그렇지 않아 어렵기만 합니다. 그럼에도 텃밭이 줄 수 있는 자연스럽고 생생한 자극들, 편안하고 아름다운 농장의 분위기, 따뜻한 눈빛과 마음에 귀 기울이는 대화와 같은 좋은 자극들을 많이 주고받는 일, 그리고 그 자극이 내면으로 이어지도록 애쓰는 노력은 분명 정서적으로 의미 있는 일이라고 생각합니다.

여러 해를 지나오니, 아이들은 어느덧 농장과 농사일에 많이 익숙해졌습니다. 오래되고 편안한 관계와 익숙해진 공간에서 자연스럽게 열린 말문은 닫힐 줄을 모릅니다. 캐모마일 꽃을 수확하면서, 텃밭에 둘러앉아 김을 매면서, 한련화를 옮겨 심으면서 손은 손대로 일하느라, 입은 입대로 수다를 떠느라 바쁩니다. 평범한 일상의 말들이지만, 상담실 책상 앞에서 오고가는 말보다 결코 가볍지 않습니다. 긴 시간이 흐르면서 우리는 서로에게 조금씩 익숙해졌고 그게 가장 큰 힘이 된 것 같습니다. 앞서 이야기한 것처럼 농사

기술과 지식을 익히는 일이 필요하긴 하지만, 서로가 연결되는 것이 먼저라는 것을 배웠습니다. '농사'만큼 사람과 사람의 만남을 촘촘하게 이어 줄 수 있는 것이 또 없는 것 같습니다.

장애와 농사를 연결하는 일을 고민하면서 우리는 교육과 치유, 자립의 가능성과 마을의 의미를 새롭게 발견할 수 있었습니다. 앞서 이야기한 것처럼, 텃밭농사에는 몸과 마음과 관계를 자극하고 확장시키는 놀라운 힘이 있기 때문이었습니다. 하지만 4~5년이 지났을 무렵, 장애를 가진 우리 아이들은 많이 느리고 오래 걸린다는 점, 그에 비해 주어진 시간은 초·중·고 12년으로 정해져 있다는 한계가 보이기 시작했습니다. 그저 함께 농사를 짓는 것만으로는 부족하다는 생각이 들었습니다. 그 이상의 무엇이 필요했습니다.

기록농사, 기록을 일구어 마음 밭의 땅심을 키우는 일

배움의 과정에서 다양하고 생생한 농적 자극을 받는 것이 분명 좋은 일이긴 하지만, 그 자극들이 내면으로 이어지게 만들고, 온전히 쌓이게 만드는 노력이 필요했습니다. 농사를 짓되, 단순하게 기술을 익히는 것을 넘어서 스스로 배우는 법을 익히도록 돕고 싶었습니다. 그래서 찾은 길이 바로 기록농사입니다. 텃밭 일을 마치면, 그늘 아래 앉아 함께 텃밭일지를 적습니다. 오늘 어떤 일을 했는지 일의 순서와 내용을 적고, 느낌을 살피고, 텃밭을 관찰해서 그림을 그립니다. 혁이의 금잔화 그림은 바로 이 과정에서 나온 열매였습니다.

초·중·고 12년 동안 우리 아이들은 무엇을 배우고 익혀야 할까요? 다양한 지식을 외워 머릿속에 쌓아 두어야 할까요? 아니면 작은 지식이라도 스스로 만들어 내는 법을 익혀야 할까요? 답이 후자라는 것은 너무나도 뻔한데, 아쉽게도 현실은 그렇지 않은 것 같습니다. 너무 잘 만들어진 교과과정 덕분에, 오히려 호기심을 가지고 질문을 던질 틈이 사라진 것처럼 느껴집니다. 하지만 책상이 아니라 텃밭에서라면, 지식의 축적이 아니라 인식의 확장을 위해 무언가 새로운 틈을 만들어 내기가 훨씬 더 수월하지 않을까요?

무언가 또는 누군가에게 관심을 갖고 → 관심

자세히, 그리고 오랫동안 들여다보기 → 관찰

서로가 이어진 관계를 살펴보고 → 관계

그 관계를 바탕으로 변화를 만들기 → 관여

기록농사의 핵심인 '관심/관찰/관계/관여'는 다름 아닌 배움의 과정입니다. 삶을 이어가려면 누구나 이 배움의 과정을 지속해야 합니다. 실은 각각의 과정을 일일이 의식하지 않아도 괜찮습니다. 왜냐하면 배움이 일어나는 자연스러운 과정이니까요. 그런데 굳이 이 과정을 쪼개서 살핀 이유는 바로 꿈이자라는뜰에서 함께 농사짓는 아이들 때문이었습니다. 저마다 어려움에 부딪히는 단계들을 자세하게 짚어 보고, 장애를 넘어 배움의 선순환이 시작되도록 돕고 싶었습니다.

작은 텃밭이라 할지라도 그 안에는 수많은 다양성과 변화의 모습이 들어 있습니다. 자기 텃밭에 심어 놓은 토마토를 자세히 들여다보자고 이야기합니다. 지난주와 어떻게 달라졌는지 질문을 던집니다. 작물이 시들었다면 흙이 말라 있는지 만져 보게 하고, 작물과 물기는 서로 어떤 관계가 있는지 이야기합니다. 그러고 나면 언제 어떻게 물을 주는 것이 적절한지, 관여의 시기와 방법에 대해서도 할 이야기가 많습니다. 콩알만 했던 수박은 또 얼마나

자랐을까요? 수박의 크기를 자신이 아는 물체의 크기에 빗대어 적어 보자고 합니다. 오백 원짜리 동전만 하다거나, 자기 주먹만 하다거나, 결국엔 친구 얼굴보다 더 커졌다고 자신의 말로 이야기하겠지요. 글자로 개념을 한정 짓기 이전에 텃밭을 통해 본연의 다양한 맛, 모양, 향, 색, 질감들을 자신만의 감각으로 생생하게 느껴보고, 그 느낌을 몸에 새겨 둔다면 호기심, 다시 말해 관심을 불러일으키는 일이 앞으론 훨씬 더 수월해질 것이 분명합니다.

한눈에 들어오는 작은 텃밭, 스스로 돌볼 만한 작은 텃밭에서 '관심/관찰/관계/관여'의 과정을 익히는 것은 인식의 확장을 위해 매우 유리한 시작입니다. 작은 텃밭에서 점차 자연과 생태계로, 나와 친구에서 시작해 학교와 마을 그리고 사회로 인식의 대상이 스스로 소화할 수 있을 만큼 조금씩 넓어지고 깊어지는 것이 아무래도 바람직하겠지요. 인식의 대상과 깊이, 내용이 확장된다는 것은 바로 지적인 성장을 의미합니다. '앞으로 나아가는 힘'과 삶의 기술을 스스로 터득하고 있다는 뜻이기도 하고요. 혁이가 금잔화를 꼼꼼하게 그려 내는 모습에서 보여 준 변화는 이런 의미에서 결코 작은 변화가 아니었습니다. 이런 변화와 성장의 모습이 바로 꿈이자라는뜰이 기록농사를 통해 맺고 싶은 첫 번째 열매입니다.

기록농사를 통해 맺고 싶은 두 번째 열매는 좋은 추억들입니다. 힘들고 어려운 시간을 지날 때, 행복한 기억들을 떠올리면 아무래도 그 시간을 버티기가 쉬워집니다. 텃밭에서 일궈 낸 작은 성공의 경험들, 예를 들면 텃밭에서 잘 키워서 집에 가져간 상추 덕분에 온 가족이 둘러앉아 고기를 굽고 상추쌈을 싸 먹었던 경험, 덕분에 정말 맛있는 저녁을 먹었다는 아빠의 칭찬, 이런 경험과 말들에는 힘든 시간을 '견딜 수 있게 도와주는 힘'이 들어 있습니다. 물론 모든 체험이 다 좋은 추억이 되는 것은 아닙니다. 체험은 기록을 통해, 자꾸 꺼내 보고 돌이켜 보는 되새김질을 통해, 이야기하고 들리는 것을 통해 경험으로 탈바꿈합니다. '기록은 기억을 지배한다'고 하지요? 저는 농부의 말로 바꿔 '기록은 기억을 재배한다'고 말하고 싶습니다.

장애를 가진 우리 아이들과 텃밭농사를 지으며 오감을 일깨우고 인식을 확장하는 기회, 친구와 함께 다양하고 풍성한 추억을 만들 수 있는 기회를 많이 나누고 싶습니다. 그리고 그 순간들을 기록으로 변환하고, 저장하고, 꺼내 먹는 법을 서로 배울 수 있으면 좋겠습니다. 농사를 짓는 일도, 직업을 가지는 것도 중요하지만, 정말 힘들고 어려울 때 버틸 수 있는 힘을 평소에 키워 놓아야 한다고 생각합니다. 느리겠지만 스스로 남긴 기록들이 의미 있다고 느낄 수 있도록 돕고 싶습니다. 어떻게 하면 좋을까요? 그 방법을 하나 씩 하나씩 찾아내는 것이 앞으로 풀어야 할 큰 숙제입니다.

이 숙제는 실은 우리 아이들을 위해서라기보다는 제 자신을 위한 일이라 고 생각합니다. 경제적으로나 사회적으로, 농사를 지으며 살아남는 일이 여 전히 어렵기만 하기 때문입니다. 농부의 고된 삶을 버텨 내는 힘을 다름 아 닌 기록농사를 통해 발견하고 나눌 수 있다면 정말 좋겠습니다. 그리하여 농사를 통해 자급할 수 있기를 꿈꿉니다.

내 손으로 소박하게, 바비조아 도시락

최수원 | 술 좋아하고 놀기 좋아하는 남편 감시하러 소농학교에 따라다니다가 명예졸업장 받고, 남편과 아이들 서울에 두고 먼저 완주로 귀촌해 버린 아줌마이다. 은퇴한 남편과 함께 소비 줄이고 농사 수행하며 살고 있다.

어느새 완주에 온 지 4년째에 접어드네요. 귀농운동본부에서 하는 소농학교 교육 마치고, 퍼머컬처대학 다니려고 내려온 완주. 그전에는 완주라는 곳이 있는지도 몰랐지요. 정말 아무 연고도 없이 내려왔는데, 와서 보니 귀농운동본부 사무처장이었던 박용범 씨가 몇 달 먼저 내려와 전환기술 사회적협동조합에서 일하고 있었어요. 그 덕분에 시골에서는 구하기 어렵다는 전셋집도 단박에 구했고, 1년 후에는 지금 사는 집과 400평 남짓한 밭도 가지게 되었지요. 이웃 오라버니의 권유로 묵혀 놓았던 전주 이씨 문중의 논도 5마지기 임대 받아, 3마지기 임대 받은 박용범 씨와 전환기술에서 일하던 선규 총각과 같이 논농사도 시작할 수 있었고요.

완주 와서 처음 1년은 지역에서 하는 교육만 받으러 다녔어요. 퍼머컬처대학, 지역거점센터에서 하는 가공 교육, 그 다음 해에는 농업기술센터에서 하는 일반 채소과 교육 등이었어요. 그 덕분에 저와 비슷한 귀농자들, 이미 자리 잡고 사는 귀농 선배들, 원래부터 이 지역에 살던 분들 등등 많은 사람들을 알게 되었고 어디 가나 마주치게 되니 이 또한 이곳에 사는 재미 중에 하나가 되었답니다.

퍼머컬처대학(애석하게도 지금은 없어짐)을 다니면서 들었던 과목 중 농촌경제학이 있었는데, 직접 사업을 구상해서 실현까지 하는 과정이었어요. 그래서 전교생(딸랑 4명)이 머리를 맞대고 고민 고민하다가 생각한 게 일회용 도시락이 아닌, 추억의 양은도시락에 로컬푸드 반찬을 담아서 팔아 보자 했지요. 동기인 현경이가 밥이 좋다고 '바비조아 도시락'이라는 이름을 지었고요. 그렇게 완주의 유명한 행사 중 하나인 전환기술협동조합에서 주최하는 '나는 난로다' 행사에 '바비조아 도시락'이 참여했어요. 그 밖의 군에서 주도하는 행사에 퍼머컬처 학장님의 소개로 실습을 다녔지요. 전날부터 전교생이 힘을 모아서 장보고 손질하고, 아침 일찍 행사 장소에 가서 밥이며 반찬이며 진열하고, 도시락 판매하고, 끝나면 또 집으로 와서 백여 개의 양은 도시락을 씻고 닦고 정리하고 하면서요.

퍼머컬처대학이 끝나고 쉬고 있다가, 작년에 삼례 삼삼오오게스트하우스에서 일주일에 한 번씩 열리는 귀촌자 중심의 문화장터 '꽁냥마트'에 퍼머컬처 동기인 현경이와 참여하게 되었어요. 퍼머컬처대학이 있던 지역경제순환센터 직원이면서, 농촌경제학 과목을 담당했던 선생님의 권유가 있었지요. 제가 살던 고산에서 삼례까지는 차로 20분 정도 가야 하는 거리예요. 처음 농촌에 살러 왔을 때는 이동 거리 줄이고, 되도록 차 타고 돌아다니는 일도 하지 않으려고 했는데, 계획대로 되지는 않네요. 꽁냥마트 분위기가 너무 좋은 거예요. 일주일에 한 번 농사일에서 벗어나 그렇게 쉬엄쉬엄 도시락도 팔고, 장터 사람들과 얘기도 하고, 간단한 음식도 나눠 먹고, 문화장터의 분위기도 즐기고 싶었죠. 별로 벌이가 되지는 않았지만, 완주로 온 젊은 청년들과 게스트하우스 안주인과 바깥주인을 만나 또 다른 귀한 만남들이 이루어졌지요.

꽁냥마트에 참여한 사람들은 다들 별칭이 하나씩 있어서, 우리도 별칭을 짓기로 했어요. '바비조아'에서 반씩 잘라 제가 '바비', 현경이가 '조아', 뒤늦게 합류한 황씨 아저씨(평생 웬수 남편)가 "나두~ 나두~" 해서 그럼 황씨 아저씨는 '나두', 이렇게 또 다른 이름들을 가지게 되었지요.

꽁냥마트와 삼삼오오게스트하우스

꽁냥마트는 '맹꽁이 공방, 고양이 식당'의 약칭으로 완주로 귀촌한 청년 문화예술활동가들이 설립한 씨앗(C.Art)협동조합이 기획한 토요장터였어요. 삼례문화예술촌의 마스코트인 맹꽁이와 씨앗협동조합의 마스코트인 고양이를 상징하는 이름으로 삼례문화예술촌과 삼삼오오게스트하우스 마당을 왔다갔다하면서 운영했는데, 올해부터는 한 달에 한 번 완주의 여러 지역을 돌면서 열고 있습니다.

현경이는 요즘 꽁냥마트 운영과 사무를 맡게 되었고, 저는 꽁냥마트에 참여했던 세 분과 함께 삼삼오오게스트하우스에 딸린 카페에서 일을 시작했어요. 조합원들과 방문자, 게스트를 대상으로 점심식사와 커피, 음료를 판매하는 요일별 운영에 들어가게 되었답니다. 수요일은 제가 도시락을 판매하는 날이고요, 때로는 제철요리 강좌를 열기도 해요. 다른 요일에도 목공, 캘

수요일이면 혼자서 '모여라 땡땡땡' 부엌을 차지하고 바쁘게 점심 준비를 한다.

리, 원예 강좌들이 열리고 있어요. 토요일은 세 사람이 돌아가면서 담당하고요. '나두' 황씨 아저씨는 자기 볼일 보느라 바쁘네요. 그래도 황씨 아저씨는 가끔씩 짐도 날라 주고, 단체주문 도시락 설거지도 해주고, 대파 뽑아 오라고 하면 뽑아다 주고, 상추 뜯어다 달라 하면 뜯어다 줘요. 뚱한 표정으로. 시킨 일 다 하면 또 횡~ 자기 일 보러 갑니다.

삼삼오오게스트하우스는 1920년대 지어진 일본식 가옥을 완주군이 지원하고 자원활동가들이 노력봉사해서 새롭게 꾸민 아담한 게스트하우스로 삼례역에서 걸어서 5분 거리에 위치해 있어요. 얼마 전 〈한겨레 21〉에서 '청춘 스테이션' 제1호로 지정했고, 그전에도 그랬듯이 청년 귀농귀촌의 관문이자 여행객들의 쉼터이자 전라북도에 정착한 청년들의 모임장소이자 교류의 장이기도 합니다. 그래서 카페 이름도 '모여라 땡땡땡'이에요. 청년들 중에는 게스트하우스에 묵으면서, 꽁냥마트에 참여하기도 합니다. 카페로 쓰는 건물 역시 일제시대 운수회사 사무실로 사용되던 곳이었는데, 목공교육을 담당하는 강사님과 목요일 카페 운영을 하는 플로리스트 실비아 언니의 재능기부로 빠레트와 나뭇가지, 말린 열매들로 새롭게 단장했지요.

수요일이 되면, 이것저것 주섬주섬 싸서 일찌감치 '모여라 땡땡땡'에 갑니다. 밭에 있는 녀석들 쑥쑥 뽑고, 따고, 뜯어서 말입니다. 머위가 빼꼼히 뻗어나오면, 뚝뚝 끊어다가 손바닥만 하게 전 부치고, 쑥이 쑥쑥 올라올 때는 쑥 뜯어다가 향긋한 쑥국, 쑥전 하고, 머위대가 굵어지면 장아찌 담가서 반찬 하죠. 요즘은 감자 가지고 요리조리 졸이고, 지지고, 볶고, 당근과 완두콩도 곁들여서 식욕 돋우는 색감도 연출해 보고요. 당근과 함께 잘 자라는 비름나물 뜯어다가 조물조물 무쳐서 반찬 하고, 호박잎 따다가 된장국 끓이고, 황씨 아저씨가 발라 준 통통한 매실로 담은 매실장아찌를 곁들여 내기도 하지요.

무슨 반찬을 준비해야 할지 크게 고민하지는 않아요. 그냥 지금 내 손에 닿는 농산물 중심으로 반찬을 생각하면 되니까요. 짬짬이 마늘종, 매실, 개복숭아, 자잘한 양파 손질해서 항아리에 효소 담그고요. 보리수 따다가 황씨 아저씨가 만들어 준 로켓매스히터에 장작불 때서 잼 만들고요. 작년에 담은 효소들 걸러서 차도 만들어 먹고, 행사 있을 때 음료로 제공하고, 요리할 때 설탕 대신 사용해요.

그래, 이 재미에 시골로 왔지…

벌이는 될까? 다들 궁금하시겠네요. 돈 버는 게 어디 쉬운가요. 뭔가 벌이가 되려면, 정말 옴팡지게 그 일에만 매달려야지요. 일주일에 한두 번 가는 걸로 벌이가 되지는 않지요. 식재료 대부분은 농사지은 걸로 하지만, 울어대고 자기 발로 움직이는 건 키우지 말자 하고 합의를 보았기에 계란이나 고기는 사야 하죠. 그렇게 재료비, 자동차 기름값 제하면 용돈 정도의 수입이죠. 가끔 한 달에 한 번 정도 50~60인분 단체주문이 들어올 때가 있어요. 전날 장 보고, 새벽부터 점심시간 맞춰서 배달 갈 때까지 정말 바쁘죠. 끝나고 나면 일회용 안 쓰는 방침으로 양은 도시락과 국그릇, 수저 설거지까지 해야 하니까 오후 2~3시쯤 돼죠. 혼자서는 힘드니까 다른 요일 담당 중 일정이 맞는 분과 연합해서 하는데, 재료비 제하고 각자 인건비는 나와요. 지난달에는 삼례에 있는 우석대학교와 결연 맺은 중국 대학생들이 게스트하우스에 묵어서, 세 사람이 이틀씩 돌아가면서 조식을 담당했어요. 그게 좀 수입이 되더라고요. 그런 건수가 있으면 한 달에 40~50만 원 정도의 수입이 생기죠. 그나마 이런 일들도 게스트하우스의 안주인, 우리의 총괄매니저 키키가 있기에 가능하죠. 행정적인 절차와 회계 정리, 배분 등을 다 맡아

삼삼오오게스트하우스

서 해주거든요.

크게 수입이 되지 않는 일이고, 아직은 초보 농사꾼이라 더 농사일에 매달리고 싶기도 해요. 하지만 이런 계기가 없다면, 음식을 만들지 않더라고요. 도시락 만들 때 좋은 식재료가 되는 거 아니까, 귀찮고 번거롭고 힘들지만 만들어 놓게 되는 거지요. 도시락 쓸 때는 "어~ 개망초 올라오네, 나물해 먹으면, 맛있는데…. 애구, 김매기도 바쁘다!" 하며 쓱쓱 베어 버렸죠. 쑥이 지천일 때는 쑥떡 해 먹을까 하다가 밭 갈기도 바빠서 차일피일 미루다가 어느새 쑥 자라 버리고요. 매실, 개복숭아, 천도복숭아, 사과도 꽃 피었네 하다 보면 어느새 주렁주렁 열매가 달리고, "익었네. 따야 되는데…" 하다 보면 어느새 뚝뚝 떨어져 버리죠. 가을에는 감들이 정신없이 익고, 달리고, 떨어지고….

농사일에 치이다 보면, 대충 먹고 말더란 말입니다. 요리하는 걸 좋아하는 편인데도 말이죠. 구슬이 서 말이라도 꿰어야 보배지, 농산물이 지천에 널려 있으면 뭐 하나요? 요리를 해야 먹지요. 힘들여 요리하면 또 뭐하나요? 먹을 사람이 있어야지요. 황씨 아저씨랑 둘이서 먹으면 얼마나 먹겠어요? 둘이 먹기에는 남아돌아요. 아이들은 아직 서울에 있고, 사내놈들이라 그다지 살뜰하게 챙겨 먹지도 않아요. 둘째 녀석은 그래도 보내 준 재료로 요리를 해 먹기는 해요. "엄마, 양파가 작아서 딱 한 끼 해 먹기 좋아요"라고 기특한 소리도 해 가면서 말이죠.

아직 초보 농사꾼이라 내다 팔 정도의 농산물이 나오지도 않고, 그럴 깜냥도 없네요. 완주는 로컬푸드 일번지라고 소농을 위한 로컬푸드 매장이 있지만 거기 물건 낼 소농은 하우스도 있고 어느 정도 규모가 있어야 하지, 저처럼 허구한 날 풀 베고 앉아서 지나가는 동네 오라버니로부터 "풀 농사 짓냐?" "너희는 밥만 먹고, 반찬은 안 먹냐? 퇴비 좀 사다 뿌려! 양파가 자디잘아서 그게 뭐냐?" 소리 듣는 소농은 아니더라고요. 일단 비주얼이 안 돼요. 아무리 맛있어도 벌레 먹은 천도복숭아를 누가 선뜻 사 먹겠어요? 전주에 뚝 떨어진 매장에 얼마 되지도 않는 농산물 가져다 놓으려고 반나절 차 굴려 가며 다니는 것도 아니라고 생각하고요.

농사도 좋지만 군이 기계 불러서 밭 갈고, 이 약 저 약 사서 뿌리고, 씨 산다고 돈 들이고, 그런 거 하지 말자 생각했어요. 그래서 자꾸 씨도 받아서 농사지으려고 하고, 대농들 심다 남은 모종 가져다 심고, 아는 동생이 동네 어르신들께 얻은 씨앗 나눠 줘서 심었어요. 농약 안 친 게 확실한 내 밭에서 나는 쑥, 개망초, 참비름, 쇠비름 같은 애들도 키우고 계절 바뀔 때마다 나는 풀들도 유심히 살펴보고, 너무 많이 났구나 싶으면 쓱쓱 베어서 그 자리에 덮어 놓고, 그렇게 계절을 몸으로 익히며 살고 있어요. 그래도 여름 한철은 고랑에 제초매트 좀 덮어 놓아야지 생각해요. 땅콩밭 사이사이에 퇴비도 한 줌씩 넣어 줬고요. 해마다 물러 터지는 천도복숭아도 내년에는 뭐라도 줘야 할까 싶어요.

농사 말고도 매력적인 일들이 많아요. 뚝딱뚝딱 목공에도 매달려 보고 싶고, 전환기술협동조합에서 배운 벽난로도 만들고 싶고, 바느질도 하고 싶고, 종교 생활에도 더 전념해 보고 싶고 말입니다. 하지만 그 모든 일도 먹는 문제가 해결되지 않으면 지속할 수 없는 일이더라고요. 각 분야의 뛰어난 전문가들은 많아요. 하지만 음식을 해서 나누는 일에 익숙한 사람은 찾아보기 힘들어요. 주부 경력이 쌓이고 어느 정도 요리를 좋아해도 사실 음식을 대접하는 일은 정말 바쁘고 번거로운 일이잖아요. 그래서 요만큼이라도 익숙한 제가 음식을 만들어야겠구나 생각하는 거죠.

농사를 지어 보니 심고 거두기까지, 거기가 끝은 아니지요. 손질해서 먹을 수 있게 만들기까지 얼마나 귀한 시간과 노력이 들어가는지 알겠더라고요. 귀농하기 전 슈퍼에서 시금치 한 다발, 열무 한 다발 딸랑 살 때도 다듬는 게 귀찮아서 몇 번을 살까 말까 망설였는데, 그게 얼마나 거저먹는 일이었던가 농사지어 보니 알겠네요. 이른 새벽 일어나 이슬에 옷깃 적시며 극성스런 모기한테 뜯기며, 뽑아서 다듬고 묶어서 가판대에 놓기까지 과정이 눈에 보입니다. 그에 비해 너무나 싼 농산물 가격에 갑갑해집니다. 그런데도 요즘 집에서 밥들을 안 해 먹어요. 제 친구들만 하더라도 반찬 사이트 기웃거리고 만나면 하는 얘기가 어디 음식점이 맛있네, 반찬이 몇 가지가 나오네, 이런 얘기들만 해요. 시골에 사는 젊은 엄마들도 별반 다르지는 않더라고요.

왜 이렇게 밥해 먹는 일이 번거로운 일이 되어 버렸을까요? 밥 준비하다 보면 이해는 되지만, 내가 지은 농산물들로 소박하게 차려진 밥상을 보면 뿌듯한 마음이 들어요. "그래~ 내가 이 재미에 시골로 왔지." 흐뭇한 미소가 온몸 가득 퍼집니다.

시골에서 농사짓기, 아이 키우기, 그리고 책 출판하기

전광진 | 2008년 결혼을 하고 경남 하동에 내려와 시골 살림을 시작했다. 2013년 아내와 함께 상추쌈 출판사를 차리고, 지금까지 네 권의 책을 펴냈다. 세 아이와 함께 다섯 식구가 사는 모습을 '봄이네 살림(http://haeumj.tistory.com)'에 담고 있다.

우리 부부가 하동 악양에 내려온 건 2008년입니다. 서울에서는 책 편집하는 일을 했어요. 두 사람 모두 마음속으로는 귀농을 하겠다, 마음먹고 있었지만 생각보다 빨리 내려오게 된 것은 아이가 생겼기 때문입니다. 만약 그때 아이가 서지 않았다면, 몇 해 더 서울에 머물렀을 거예요. 어쩌면 지금도 서울에서 미적거리고 있었을지도 모르겠습니다. 아이가 섰다는 걸 알게 된 다음, 큰 고민 없이 내려가야겠다, 결정했습니다. 서울은 아이가 살기에, 아이를 키우기에 적당한 곳이 아니라는 데에는 두 사람 모두 어렵지 않게 동의를 했거든요. 마음을 먹자마자 농사지을 땅을 알아보기 시작했고, 6월에

늦은 가을, 논에서 나락을 걷어 갓 햅쌀밥을 하고 저녁 밥상 앞에 식구가 둘러앉았다. 모자라지도 넘치지도 않는 밥상이다.

논을 마련했습니다. 8월엔 걸어서 논에 갈 만한 거리에 있는 빈집을 샀지요. 그렇게 우리는 이곳 악양으로 삶터를 옮겼습니다.

귀농, 건강하게 사는 '쉬운' 길

오래된 집이었습니다. 삼간집. 세 사람이 눕기에 꼭 맞춤한 두 평짜리 방이 두 개 있고, 또 그만한 부엌이 있습니다. 방문 앞에는 작은 툇마루가 있고요. 처음 지었을 때는 아마도 마을에서 가장 작은 초가가 아니었을까 싶습니다. 대들보에는 '일천구백육십팔년 상량'이라고 쓰여 있습니다. 이 작고 오래된 집을 고치겠다고 했더니, 마을 할매들이 한마디씩 거듭니다.

"새로 집 짓는 값보다 더 들긴데."

한 사람은 출판사 대표, 한 사람은 편집자 역할을 맡아 부부가 함께 책을 만든다.

"고치봤자 표도 안 나고, 고마 새로 지라."

"처음 생각보다 돈이 딱 두 배는 들겠다."

얼추 가진 돈 다 쓸 때쯤 되니, 뭐 하나 틀린 말이 없었다는 것이 분명합니다. 고치면서 가장 애먹고 공들인 일이, 원래 집 모양을 찾는 일이었습니다. 방 하나는 구들을 살리고, 덧대 놓은 천장을 뜯어서 서까래를 드러내고, 나무 기둥은 하나하나 벗겨내서 새로 콩댐하고, 나무 문살에 종이도 바르고요. 부엌과 욕실만은 서울에서 살던 식으로 꾸몄습니다. 그렇게 해놓고, 갓난아이와 함께 세 식구 살림 시작했던 것이 2016년 이제 9살, 6살, 3살 아이와 함께 다섯 식구가 되었습니다. 출판사도 꾸리고, 우리가 먹을 만큼 농사도 짓고요. 벼농사, 밀농사, 찬거리 하는 푸성귀와 과일나무 몇 그루, 작은 닭장.

지금도 그렇지만, 돈벌이는 출판·편집 일을 해서 벌어들이는 것이었습니다. 몇몇 출판사에서 일을 받아서 했고, 나중에는 우리가 펴내고 싶은 책들을 모아서 펴낼 출판사를 따로 운영해 보자 싶었어요. 뭐, 할 줄 아는 게 그것밖에 없기도 하고, 또 그것만큼은 정말 하고 싶은 일이니까요. 그렇게 시작된 게 상추쌈 출판사였습니다. 이름을 듣고 쿡쿡 웃음을 못 참는 분들이 여럿, 다시 되묻는 사람도 여럿, 그러나 모두 한결같은 반응은 "거, 이름 까먹지는 않겠네" 합니다.

시골에 내려와 살 때에 가장 고민이 많이 되는 것, 어려운 것, 그러니까 분명하게 도시와 다른 삶을 선택하게 되는 결정적 장면이 눈앞에 펼쳐지는 대목이 바로 '교육과 의료'라고 합니다. 네, 맞아요. 우리도 내려오게 된 까닭이 아이 때문이라고 했지요. 상추쌈 출판사가 처음으로 펴낸 두 권의 책은 자연스레 이 두 가지 문제에 맞물려 있습니다. 상추쌈 출판사의 첫 책 『스스로 몸을 돌보다』는 의료에 관한 책이지요. 어떤 방법으로, 건강한 삶을 살아갈지는 결국 자신이 선택합니다만, 이 사회는 그것을 제 맘대로 하도록 내버려 두지 않습니다. 병원이나 의료 시스템이 아닌, 다른 쪽은 그저 그렇게 해야겠다는 마음을 먹는 것만으로는 쉽지 않지요. 무엇보다 현실적으로 우리가 사는 하동군에는 소아과 병원이 없어요. 산부인과도 없지요.

아이가 어지간히 아파서는 병원에 잘 가지 않습니다. 병원까지 차를 타고 한 시간은 나가야 하는데, 몸 아플 때에 차를 두어 시간이나 타다 보면 아픈 게 더 심해지겠지요. 하지만 이럴 때 스스로 몸을 돌보는 법을 모르고 그저 늘 의사한테 몸을 내맡기는 습관에 젖어 있다면 아픈 아이가 더 힘들게 뻔한데도, 들쳐 업고 병원에 가게 되어 있어요. 우리한테는 한 시간이라는 거리가 딱 적당하다 싶어요. 요즘은 그렇게 느껴요. 그 거리를 감내하고

서라도 의사를 찾아야 될 상황이라면 주저 없이 전문가인 의사의 도움을 받겠다, 합니다. 하지만 병원에 가든 집에서 쉬든 별 차이가 없는데도 무작정 병원에 가는 일은 없어야겠다, 합니다. 그거 정말 아이를 괴롭히는 짓이니까요. 무엇보다 귀농을 한다는 건, 자기 먹을 것을 직접 농사짓고, 집이나 옷 같은 것도 가능하면 손수 짓거나 고치면서 살겠다는 바람이 있다는 뜻일 텐데, 몸을 돌보고 건강을 지키는 것도 스스로 하는 게 그에 걸맞겠다 싶었어요. 아이가 아플 때는 조금만 아파도 너무 쉽게 재깍재깍 의사를 찾아다니고, 반대로 어른들은 몸속에 큰 병이 자라는 데도 몸을 돌보지 않고 살고요. 나중에 무슨 큰 병이라도 걸렸다 얘기를 들으면 정말이지 평생 번 돈을 병원에 쏟아 붓는 일도 흔하지요.

　시골에서 살면 살림살이가 줄어들 수밖에 없어요. 우리도 내려와서 이제 9년째이니까 돈 쓰는 것이 많이 줄었어요. 처음에는 시골 내려오면 뭐 금방 소박하게 살 수 있을 줄 알았지요. 헌데 도시에서 돈 쓰던 버릇도 있고, 또

장마가 끝나고 밀을 널어 말린다. 건조기에 들어가면 간단하겠지만
아마 밀알들도 저 아래 백운산과 지리산 사이로 흐르는 섬진강이
내려다보이는 이런 곳에서 몸을 말리는 것을 좋아라 할 것이다.

내려와서 필요한 살림살이에, 집이며 땅이며, 한동안은 정신없이 돈 쓰면서 살았어요. 정말 이제야 버는 것에 맞춰서 쓰는 것이 줄었어요. 그런데 시골에 살면서 병원하고 교육하고 이 두 가지를 해결할 때에 그냥 돈 들여서 문제를 풀려고 하면 살림살이가 다 어그러집니다. 우리 스스로도 '썩 잘 해내고 있다. 그러니 이렇게 따라 하시면 된다.' 이런 말씀을 드릴 처지는 아니지만, 돈을 쓰고 안 쓰고와는 또 별개로 귀농해서 농사짓고 살아야겠다, 하고 마음먹은 것에는 자연스레 몸은 스스로 돌보고, 아이들을 키울 때는 사람들과 잘 어울려 살고, 제 앞가림을 단단히 하는 아이로 키우겠다, 뭐 이런 다짐도 함께 들어 있는 것이라고 생각해요.

『스스로 몸을 돌보다』 편집을 하는 데에 3년 정도가 걸렸습니다. 이게 사람 몸을 다루는 책이니까 무엇 하나 허술히 넘어갈 수가 없었거든요. 편집하면서 책에 나와 있는 내용들 여러 가지를 직접 따라 했어요. 다행이죠, 우리는 자연스레 이 책 내는 일을 하면서 앞으로 이곳에서 살아갈 아주 큰 살림 밑천 하나를 마련하게 되었습니다. 내 몸을 내가 돌보는 방법을 알게 된 거죠. 언제 의사의 도움을 받아야 하는지도요. 책은 정말 두꺼워서 현대사회 만성병의 큰 줄기부터 건강에 관한 아주 세세한 정보까지 다루지만 결론은 이거예요. '싱싱한 풀을 많이 먹고 땀 흘려 일하는 것.' 이 원칙에 맞게 사는 방법으로 가장 쉬운 게 귀농해서 농사지으면서 사는 것입니다. 저자도 그걸 계속 염두에 두고 책을 다듬었어요. 저자가 지방 작은 도시에서 직접 밭농사도 짓는 사람이니까, 형편을 잘 알지요. 그러니까 중요한 건, 귀농이 건강에 관한 한 '쉬운' 길이라는 거예요. 옳은 것이 아니고 쉬운 것, 그리고 즐거운 것.

내가 할 수 있는 일을 온 정성을 다해 할 뿐

두 번째 책, 『나무에게 배운다』는 2013년 4월에 나왔습니다. 이 책을 제대로 알아보게 된 것은 『녹색평론선집 3』 덕분이었습니다. 전체 책 내용 중에 한 장이 실려 있었는데, 그걸 보고 책을 구해 보았지요. 그때는 『나무의 마음 나무의 생명』이라는 제목으로 나와 있었어요. 하동에 내려와서 시골 살림을 시작할 때, 그때 우리 부부가 마치 경전처럼 늘 손 닿는 곳에 두고 읽었어요. 아이를 재우고 나서는, 한 장 한 장 서로 어디든 손에 잡히는 곳을 펼쳐서 소리 내어 읽었습니다. 세 식구가 나란히 누운 작은 방에서 깜깜한 저녁마다 책 읽는 소리가 납니다. 도시생활을 정리하고 내려와서 아이를 낳고, 집을 고치고, 농사를 짓는 그때 우리 손에 이 책이 쥐어졌던 것이 얼마나 다행인지 모르겠어요.

책은 1,300년 된 목조건축물, 일본의 호류지를 돌본 대목장 할아버지가 말하는 것을 받아 적은 것입니다. 평생 몸을 놀려 한 가지 일을 한 어르신이 삶의 이치를 꿰뚫은 그런 말씀들을 들려주지요. 아주 쉽고 짧은 이야기 속에요. 잠자리에 들어서 어느 대목을 듣더라도 위로가 되고, 저 자신 새로이 시작하는 삶이 어떻게 가꾸어져야 하는가, 마음을 다잡게 되는 그런 책이었어요. 새로 무언가를 익히고, 자연과 함께 살아간다는 것이 무엇인지에 대해서 생각하게 하고, 또 특히 아이를 기른다는 것은 무엇인지, 이 책의 도움을 톡톡히 받았습니다. 일본에서는 대기업을 운영하는 사업가부터 갓난아이의 엄마까지 책을 읽고 좋았다는 이야기가 20년이 넘게 줄곧 이어지고 있는데요, 그중에서도 교사나 유아교육을 하는 사람들 사이에 필독서로 자리 잡을 만큼 이 책은 가르치고 기른다는 것에 대해서 많은 이야기를 합니다. 아이들이 커가면서 늘 고민이 많이 생겨요. 아이가 이렇게 살면 좋겠다, 이런

밭 한쪽에 닭장을 마련하고 닭을 키운다. 달걀을 잘 먹지 않던 아이도 풀 먹고 벌레 잡아 먹은 닭이 낳은 달 걀은 한 입에 꿀떡한다. 봄이와 동동이는 자연의 섭리 속에서 함께 자란다.

생각은 있지만 어쨌든 여기에도 자동차가 있고, 어린이집이 있고, 학교도 있 거든요. 마을은 예전 같지 않고요. 그렇게 머릿속이 복잡해질 때, 지금도 다 시 이 책을 꺼내 들어요. 찬찬히 제가 할 수 있는 가능한 길을 찾는 거죠.

한국에서 처음 번역되어 나온 게 1996년이에요. 지금은 번역가로서, 또 스스로 누구보다 엄정한 생활을 하는 농부인 최성현 씨가 번역을 했어요. 그때 이 책을 보고 우리처럼 이 책을 무척이나 좋아하게 된 사람들이 많았 어요. 그러니 『녹색평론선집』에도 실렸겠지요. 또 생전에 전우익 선생이 이 책을 여러 사람에게 권하셨다는 것도 알게 되었고요. 선생은 누군가에게 책 을 권하면서 "평생 이 책만 읽어도 된다"고 하셨다지요. 봄이네 식구한테도 그런 책이에요. 언론사에 가서도 기자에게 말할 때에 기사를 쓰는 것은 알아서 하실 일이고, 부디 이 책을 꼭 읽으시라, 이런 부탁을 드렸습니다.

"자신이 할 수 있는 일을 온 정성을 다해 한다, 이것뿐입니다." 책 꼴을 갖추어 나가면서 머릿속에서 떠나지 않던 대목입니다. 책에 걸맞은 형식을 갖추어서 내자, 그래서 이 책을 아끼고 좋아하는 많은 사람들이 두고두고 읽기에 부족함이 없도록 하자, 그렇게 다짐했지요. 최성현 선생도 새로 번역을 하듯 글을 손보았습니다. 몇 해에 걸쳐 건물을 짓고 가림막을 걷어낼 때, 대목장의 마음은 어땠을까. 책이 나올 때, 우리 마음이 그것을 조금은 닮아 있었을 겁니다.

농사꾼만이 펴낼 수 있는 책

책 이야기만 하다 보니, 우리가 마치 이곳 악양에서 농사도 열심히 짓고, 다른 일도 척척 해내면서 살고 있는 것처럼 보일 수도 있겠다 싶습니다. 아직도 우왕좌왕이고, 골머리를 싸매고, 어수선한 것이 많은데도요. 그래도 조금씩 시골 살림이 자리를 잡아 갑니다. 책 만드는 일은 우리 부부가 가장 잘할 수 있는 일이에요. 좋아하기도 하고요. 서울에서 무려 월급까지 받아가면서 여러 선생님, 선배들로부터 이 일을 배웠죠. 그 사람들이 공들여 물려준 자산이라고 생각해요. 우리가 책을 펴낼 수 있는 능력이라는 것은. 그러니 이곳 마을에서 어르신들과 지내면서, 농사도 짓고, 아이도 키우고, 그리고 시골에서 농사짓는 사람만이 펴낼 수 있는 책, 그런 사람이 펴내야만 하는 책들을 찾아서 펴내고 싶어요.

유기농 라이프

도시의 삶을 그대로 옮겨 오려는 당신에게

이현숙 | 1999년 고향인 파주로 귀농, 5년 동안 수천 평을 농사짓는 전업농으로 생활하다가 도시농부학교와 텃밭지도사아카데미, 어린농부학교를 열어 농사짓는 삶을 꿈꾸는 이들을 만나 왔다. 2014년 부안으로 터전을 옮겨 다품종 소량생산 방식으로 농사짓는다. 40여 도시 소비자 회원에게 유기농 꾸러미를 보내 생활에 필요한 돈을 벌고 있다. 『텃밭을 밥상에 올리다』라는 책을 지었고 『퍼머컬처』 등을 번역했다.

어릴 적부터 시골에서 자란 우리 둘째아이―우리 가족은 그 애가 다섯 살 때 귀농했다―가 서울에 가서 4개월을 살고는 짐을 싸 가지고 내려왔다. 살아가는 데 쓰이는 돈을 버느라 자기에게 주어진 하루의 거의 모든 시간을 써야 하는 생활, 네 벽으로 가로막힌 공간에서 단조로운 일을 되풀이해야 하는 생활, 잠에서 깨어날 때도 잠에 들 때도 고즈넉하기는커녕 윙윙거리는 기계음에 시달려야 하는 생활, 지는 해도 볼 수 없고 뜨는 달도 볼 수 없는 생활, 맑은 바람결도 눈부신 햇살도 느낄 수 없는 생활. '이렇게밖에는 살 수 없는가' 싶은 의문으로 뒤척이던 끝에 더는 그런 생활을 견디지 않겠다고 마음먹은 것이다.

농사는 자기가 할 일이라고 여긴 적이 없다던 아이가 그 짧은 도시생활을 접고부터는 농사를 배우겠다며 텃밭을 가꾸기 시작했다. 밭을 일궈 이랑을 만들고, 거름을 내고, 씨를 뿌리고, 풀을 매더라. 토종 가지 씨앗도, 토마토 씨앗도 보듬어 싹을 틔우고, 제 똥거름을 먹고 자랐다며 머리통만 한 수박을 따 들고 오기도 한다. 군말이 없다. 웬걸, 콧노래를 흥얼거린다. 제 방 앞에 손바닥만 한 땅뙈기를 일궈 꽃씨를 뿌리고 모종과 알뿌리를 옮겨 꽃밭도 만들었다. 요즘은 동네 사람들과 일주일에 한 번 신영복의 『담론』을 읽는 독서모임을 하고, 지역 소식지에 글을 쓰기도 한다.

큰돈이 아니더라도 나름의 생활에 드는 돈이 있을 터, 이제 어찌하려는지 내심 호기심이 일어 눈여겨 살펴보았다. 아이는 맨 먼저 핸드폰을 해지하더라. 수십만 원의 핸드폰 기계를 구입하느라 다달이 나눠 내던 돈과 몇 만 원씩의 통화료를 아낄 수 있으리라. 집전화로 웬만한 소식을 나누며 사는 데 참을 수 없을 만큼 불편스럽지는 않은가 보다. 머리 모양도 바뀌어 갔다. 도

시에서 몇 만 원 들여 염색했던 머리를 길게 생머리로 길러 묶고 다닌다. 어쩌다 도시 나갈 일이 있을 때면 아름다운가게나 벼룩시장에 들러 입고픈 옷가지도 사 오더라. 동네에서 몇 집이 같이 꾸리는 유기농 꾸러미에 제가 기른 쌈채소, 노각오이, 부추 따위를 내서 얼마 되지는 않지만 돈을 벌기도 한다. 농사짓는 실력이 늘어나면 더 많은 품목을 내서 제 생활을 꾸리는 데 드는 돈쯤은 어렵지 않게 벌지 않을까 싶다.

이 젊은이의 사례는 농사짓는 삶을 선택하는 이들의 마음과 생활을 어느 정도 엿볼 수 있게 해준다. 소비를 위해 돈을 벌어야 하는 생활, 그 생활이 삶의 자유와 아름다움을 빼앗아 가는 것에 대한 자각으로 자신의 삶을 새로이 가꿔 나가는 모습 말이다. 귀농하고픈 당신의 삶도 그 어느 지점에선가 이와 비슷한 결을 띠고 있지 않을까 싶다.

자유롭고 경이감을 느끼게 해주는 농사일

농사일. 고될 때도 없지 않지만 이 노동은 여러모로 즐겁다. 우선, 자유롭다. 누가 시키지 않으니 눈치를 살필 일이 없고 스스로 알아서 움직일 수 있으니까. 자연의 흐름을 살펴서 때맞추어 움직여야 하지만 그 흐름은 시간을 다투는 것이 아니므로 쫓기듯이 일해야 할 때는 그리 많지 않다. 더욱이 노동하는 과정 그 자체에서 역동적인 아름다움을 맛볼 수 있다. 동터 오는 새벽의 하늘을 바라보고 신선한 공기를 들이키면서 밭에 갈 때, 시시각각 변하는 하늘빛은 늘 가슴을 설레게 하지 않던가. 밤새 이슬에 젖은 풀들이 아침 햇살에 빛날 때 이슬은, 풀은, 햇살은 또 얼마나 경이로운가. 저마다 크기도 모양도 빛깔도 촉감도 다른 씨앗들, 그 싹들, 열매들…. 시간의 흐름을 타고 변해 가는 그 신기한 모습들에서 사람의 삶도 그와 다르지 않음을 어림잡아 보게 되지 않던가.

도시에서 일하는 환경과는 딴판이다. 사방이 벽으로 막혀 있는, 어수선하거나 소란스런 공간. 나는 사무실에서 일할 때도, 공장에서 일할 때도 내 생명이 좀먹어 들어가는 듯 답답했었다. 그래선가. 논밭이라는 작업 환경-풀벌레 소리, 바람결, 햇살, 흙냄새 어우러진- 그 자체만으로도 살맛이 나더라. '아, 자유롭구나', '이렇게 아름다울 수가!' 이런 느낌을 맛보기 위해 귀농한 것이 아닌가. 이런 느낌을 가로막는 도시적 삶의 방식을 떨쳐 버리기 위해 시골로 달려온 것이 아닌가. 나는 그랬다.

쏨쏨이 다이어트가 열쇠다

이러한 삶의 결에 돈이라는 잣대를 들이대는 것은 옹색스럽기 짝이 없다. 그럼에도 우리는 자본주의 체제 안에서 그 너머의 삶을 더듬는 조건에서 살고 있기에 '어쩔 수 없이 생활에 들어가는 돈'을 어떻게 벌 것인가 하는 문제는 남는다. 그 액수는 얼마나 될까? 도시적 삶, 소비문명 시스템에 포획된 정도에 따라 천차만별. 고무줄같이 늘어나기도 하고 줄어들기도 한다.

시골로 장소를 옮겼을 뿐 도시에서 살던 그대로 살려면 몸과 마음이 힘들기도 하지만 시골살이의 진수를 맛보기도 어렵다. 돈이 되는 농사일이 뭘까 신경을 써야 하고, 그 아이템을 찾았다 하더라도 그만큼 일에 파묻혀 살아야만 하니 시골살이가 베푸는 자유와 아름다움을 느낄 겨를이 없어지는 것이다. 실상 돈을 벌어야 즐거워지는 사람은 구태여 귀농할 필요가 없다. 돈을 벌려면 도시에서 버티고 살아야 한다. 시골은 돈이 도는 것으로 치자면 구석쟁이니 말이다. 돈이 별로 없어도 돈에 매이지 않고 사는 법, 돈이 아닌 가치와 의미를 구하는 삶으로의 전환이 되지 않으면 도시든 시골이든 마찬

가지로 삶은 팍팍할 것이다.

열쇠는 나날의 돈 씀씀이에서 어떻게 군살과 거품을 거둬 내느냐에 달려 있다. 가령, 도시에서 생활비로 300만 원이 들었는데 귀농해서 100만 원만 쓰고 산다면 200만 원을 번 겪 아닌가? 그런 사고방식을 익히다 보면 뭘 사려고 하다가 사지 않게 되었을 때 '이만큼 번 거네!' 싶은 뿌듯함마저 든다. 실제 뭘 사야 할 때 '꼭 돈을 들여 사야 하는 건가?' 한번쯤 되짚어 보면 그렇지 않은 것들이 제법 많더라. 그렇다면 실제 어느 만큼 줄일 수 있을까.

교통, 통신비, 적게 쓰는 만큼 얻는 것도 많다

차! 쓸 것인가 말 것인가. 부딪히지 않을 도리가 없는 고민거리다. 자원과 에너지를 덜 쓰자는 차원에서만이 아니라 돈이 덜 드는 생활방식, 시골살이를 즐기기 위해서도 그렇다. 트럭이든 승용차든 자동차를 사면, 구입비는 그렇다 치더라도 해마다 보험료를 내고, 일상적으로 기름을 넣고, 수리하는 데 드는 비용이 만만치 않다. 그럼에도 차 없이 지내는 삶이 열어 주는 풍성한 체험의 세계를 놓치게 된다. 가령, 걸어 다니거나 자전거를 타고 다니면 같은 길도 사뭇 다른 느낌으로 다가오지 않던가. 구불구불 굽은 길의 모양새도, 앞산과 옆 논이 철따라 변해 가는 풍경도 오롯이 시야에 들어온다. 온갖 생각이 넘실대고, 추억이 되살아나 "속도는 사유를 증발시킨다"는 말에 맞장구를 치기도 한다.

먼 길을 다녀올 때는 버스나 기차를 타면 된다. 자가용을 이용할 때 따르는 통행료와 기름값을 아낄 수 있거니와 내가 운전하는 고생도 덜 수 있으니 참 좋더라. 목적지에 갈 때까지 차 안에서 곯아떨어져 노곤한 몸을 쉴 수 있다는 것은 덤이다. 차를 두어 번 갈아타면서 기다리는 게 흠이라면 흠이지만 뭐 그리 바쁘게 시간을 다툴 일이 많지 않으니 그러면 또 어떤가. 나는 언제부턴가 KTX보다는 느릿느릿한 무궁화 열차가 내 기운에 더 맞다고 느껴져 바쁘게 움직여야만 할 때가 아니면 구태여 그 열차를 타지 않게 되더라.

우리는 귀농 첫해 승용차를 처분하고 트럭으로 바꿨다. 겨울에 땔나무를 나르기 위해서였다. 그래서 트럭을 움직이는 데 드는 비용만큼을 벌어야 한다. 트럭을 필요로 하지 않는 시골살이, 내게는 아직 꿈으로 남아 있다.

요즘은 핸드폰을 구입, 유지, 관리하거나 인터넷에 드는 통신비도 만만찮다. 우리 다섯 식구는 핸드폰을 두 개만 사용해 왔다. 큰아이는 열여덟 살이 넘으면서 핸드폰을 장만했지만 스물두 살 둘째도, 열여덟 살 막내도 아직 핸드폰을 사지 않고 지낸다. 참을 수 없을 만큼 불편한가? 다들 그 정도는 아니라 한다.

교육비, 교육에 대한 생각을 바꿔서 풀자

대개의 가정에서 적잖은 비중을 차지하는 돈이 이른바 교육비. 이 또한 집집마다 하늘과 땅의 차이가 난다. 강남 부유층에서는 사교육비로 수백만 원을 쓰네 하지만 웬만한 가정에서도 줄잡아 수십만 원쯤은 든다고 한다. 이 돈이야말로 제도권 교육에 대한 미련과 집착을 덜어 낼수록 줄일 수 있다. 톺아보자.

자신은 어떤 생각으로 귀농 혹은 귀촌을 했던가. 산업사회의 아귀다툼에서 한발 물러나고파서 그랬던 것이 아닌가. 그렇다면 내 아이도 그런 삶을 살 수 있도록 길을 열어 주고 싶을 것이다. 적어도 부모의 삶을 공감하고 본받으려는 마음씨를 길러 주고 싶을 것이다. 그 점에서 과연 지금의 제도권 학교가 도움이 될까. 산업사회에 잘 길들 수 있는 인간형을 기르기 위해 짜여진 프로그램으로 움직이니 말이다. 흙 묻히며 사는 시골살이를 하찮게 여기고, 되도록이면 피하고 싶도록 만드는 교육 아닌가. 그렇게 보면 땅에서 뿌리 뽑힌 삶을 사는 도시적 삶의 방식을 살게 하려고 들이는 허망한 돈이 교육비다. 자신이 떠나려 하는 도시문명에 맞춤된 인간형을 빚어내려는 교육에 아이를 맡기겠다? 그 점을 돌아보지 않으면 귀농한 삶의 결이 올곧게 살아나기 어렵다. 교육에 대한 고정관념을 뒤흔들어 보기. 그것이 돈을 덜 쓰는(돈을 버는) 길로 통하기도 하고 삶의 풍요로움과 접속할 수 있는 길이기도 하다.

우리 막내는 농사지으며 살겠다며 변산공동체학교를 거쳐 풀무농업마을대학(풀무학교 전공부)에 다니고 있다. 농부로 살라고 말한 적이 없는데 어떻게 그런 맘을 먹었을까, 궁금했다. 어릴 적 흙바닥에 누웠을 때 얼마나 포근하고 흙내음이 좋았던지 그렇게 흙을 묻히고 살고 싶었단다. 엄마 아빠가 일하고 있으면 밭고랑을 베고 잠이 들던 아이를 사뭇 안쓰러워하기도 했었는데 쓸데없는 걱정을 한 셈이다. 초등 3학년 학력이 대수인가. 자연과 어우러진 삶이 베풀어 주는 은총과 풍요를 느끼며 속으로부터 평화롭고 행복하면 되지 않는가.

그렇더라도 몸 쓰는 일만 하고 자신과 자신을 둘러싼 삶의 세계를 돌아볼 수 있는 지혜가 없다면 산업사회의 거센 흐름에 휘둘려 휘청거릴 수 있을 터. 우리는 생각하는 힘을 기를 수 있도록 나름 마음을 썼다. 마을 도서관에 뻔질나게 드나들면서 책도 읽어 왔고, 밭에서든 밥상머리에서든 삶의 여러 문제에 대해 툭 터놓고 수다를 떠는가 하면 이웃들과 마을 공동체를 이뤄 또래들이 어울려 지낼 수 있도록 신경을 써 왔다. 소위 명문대를 나왔지만 지금의 나를 길러 준 것이 명문대가 아니었듯이 우리 아이들은 이렇게 자연이라는 큰 도서관과 마을이라는 작은 도서관을 가까이 하면서 자랐다.

제도권 학교를 일찌감치 물리친 우리 집 세 아이가 모여 앉아 올해는 자기 밭에 무엇을 심을지 머리를 맞대고 씨앗을 나누는 모습, 삶의 여러 가지 문제에 대해 진지하게 이야기 나누는 모습을 보면서 나는 '제도권 학교에 돈을 갖다 내지 않기를 참 잘했어' 하는 안도를 느낀다. 제도권 학교에 다니기에 앞서 자연과 접하는 생활을 할 수 있었기에 아이들이 자연과 인간에 대해 열린 감수성을 잃지 않았던 게 아닐까 싶다. 머리로 생각할 줄 아는 지혜도 그에 못지않고, 무슨 일이든 자기 몸을 놀려서 스스로 해결해 낼 줄도 안다. 감성도, 생각도, 행동도 규격품처럼 짜 맞춰지지 않은 아이들. '멋진 녀석들이야, 부럽구먼.' 나도 저 나이쯤에 저렇게 살았다면 좀 더 행복감을 느꼈을 텐데 하는 부러움이 일곤 한다. 공부벌레와 모범생, 책상물림으로 그 시절을 보낸 내 삶의 삭막한 풍경이 새삼스레 돌아봐져서다.

삶의 전환에 필요한 또 다른 다이어트들

위에서 말한 통신비, 교통비, 교육비 다이어트를 기본으로 한다면 크게 돈이 들어가는 일이 또 뭐가 있을까. 도시에서 집을 구입하거나 빌려 쓰는 데 드는 돈, 대출 받아 그 원금과 이자를 물어야 하고 꼬박꼬박 아파트 관리비를 내야 하는 이른바 주거비. 이 돈은 시골에 살면 대폭 줄어든다. 집값도 싸고, 관리비가 없으니 말이다. 눈높이를 낮추면 시골 마을에서 빈집을 찾아내기는 그리 어렵지 않다. 뒷동산, 앞 벌판이 다 자기 집 정원 구실을 하는데 구태여 더 좋은 집을 지어야 할까. 새털같이 많은 날들에 조금씩 고쳐쓰면 훤하다. 움직이는 만큼 돈이 드는 여행을 따로 시간 내서 다닐 맘이 별로 일지 않을 터. 소풍 삼아 이웃 마실이나 다니다가 어쩌다 멀리 나들이할 일이 생겨야 돈이 들게 될 것이다.

먹는 문제, 이른바 식비야말로 문제될 일이 없을 터. 한두 마지기 논만 있으면 밥 지어 먹을 쌀은 나온다. 텃밭은 100평이면 아쉬운 것 없이 길러 먹을 수 있다. 사시사철 100여 가지 넘는 작물을 다채롭게 심어 먹고도 남더라. 들에 산에 지천으로 널려 있는 풀과 꽃과 열매까지 바지런 떨며 밥상에 올리면 밥, 반찬, 과일, 간식, 음료… 다채롭게 차려 먹을 수 있다. 고기와 외식을 하고 싶은 욕망과 필요를 줄이기만 하면 된다. 집에서 가꾼 재료로 맛난 음식을 만들어 먹는 즐거움을 익힐수록 이 욕망은 줄어든다. 밖에 나가 먹는 음식보다 집 밥이 훨씬 풍성하고 맛나니까. 게다가 요리는 창조행위 아닌가. 식구들이 둘러앉아 풋풋한 담소를 주고받는 밥상만큼 피가 되고 살이 되는 음식은 없다.

그 밖에도 소소하게 들어가는 돈도 따져 보면 꽤 되더라. 모처럼 도시에 사는 친척 집에 갔더니 화장실에 뭐가 그리 많던지. 몸을 씻는 비누만 해도 머리 감는 샴푸, 린스, 목욕비누, 얼굴비누, 폼 클렌징 등 대여섯 가지는 되더라. 빨래하는 데도 가루비누, 물비누만이 아니라 섬유유연제, 울 실크 세제, 표백제 등을 쓴다. 또 여러 가지 소독제와 세정제들…. 살아 보니 세숫비누 한 장, 빨래비누 한 장으로도 크게 불편하지 않던데, 돈 주고 사들여야 하는 것들이 왜 이리 많아졌는가 한번쯤 짚어 볼 문제다. 한때는 가습기도, 그 살균제도 거기 필수품처럼 놓여 있었을 것이다. 그런 게 다 돈을 들여 사는 것들이니 줄이면 줄일수록 돈을 버는 셈이다. 그만큼 에너지도 아끼고 자연도 보살필 수 있으니 지구를 생각하는 생활이 따로 없다. 몸에 익숙해진 습관에 대한 성찰이 필요한 지점이다.

아프거나 사고가 나서 덜커덕 목돈이 들어갈 일이 생기면 어쩌나! 하지만 아플 일도, 사고가 날 일도 시골보다는 움직임이 많고, 살아가는 환경도 열악한 도시에서 더 많을 터. 굳이 보험을 들어야 하나? 도시의 약점에서 비롯되는 불안감을 키워서 돈을 벌려는 집단에 휘둘리지 않으려면 정신을 바짝 차려야 한다. 불안은 한번 엄습하면 눈덩어리처럼 불어나니까. 있을 수 있는 위험에 대해서 사회적 안전망을 갖출 수 있도록 하는 활동에 시간을 쓰는 게 오히려 실질적인 보험이 아닐까 싶어 나는 다른 방향으로 에너지를 쏟는다. 가령, 『녹색평론』을 읽는 마을모임에 나가 사람들과 삶이나 생각도 나누고, 세상 돌아가는 문제에 대해 이야기를 나누는 것. 한 달에 한 번은 녹색당 마을모임에 나가 정치적(!)으로 필요한 일—요즘 같으면 농민 기본소득을 어떻게 하면 확보할 수 있을까—에 머리를 맞대는 것 따위가 그런 활동에 속한다. 그런 시간이 내 삶의 불안을 실질적으로 덜어 내는 데 도움이 되기도 하거니와 이웃과 삶을 나누며 살아가는 느낌이 들어서 좋다. 귀농이 그저 도시에서 시골로 자리를 옮기는 것이 아니고 삶의 전환을 꿈꾼 것이라면, 자연과 접속하며 풍요와 아름다움을 맞이하는 삶이 되려면, 자신의 에너지와 시간을 오롯이 새로운 삶을 즐기는 데 내어놓을 수 있으려면, 이런 다이어트를 깐깐하게 해야 한다.

귀농한 지 십여 년, 나는 지금도 묻곤 한다. '나는 무엇을 떠나오려고 했지?' 자신이 무엇을 떠나오려고 하는지 되짚어 보지 않으면 소비사회가 뿜어

내는 거대한 기류에 휘말려 자칫 길을 잃고 헤매고 있더라. 그러나 조급해하지 말자고 자신을 다잡는다. 낡은 틀 안에서 새 기운을 북돋는 일. 새로운 가치가 생활 속에 뿌리를 내리는 데도 시간이 걸릴 터이니 말이다. 다만 좌표를 분명히 잡고서 시골살이를 설계하자는 말이다.

지역장터 '마실장'에 전을 펴다

김상희 | 남다른 기술도, 화려한 경력도 없이 그저 '건강한 재료'밖에는 내세울 것이 없는 빵 굽고 요리하는 여자. 전남 강진에서 시골살이 5년의 내공으로 1년 남짓한 도시 유랑을 성공적으로 마치고 장흥에 정착했다. 농사 말고 다른 것으로 먹고살면서 시골에서 누리고 싶은 새로운 문화적 흐름을 만드는 데 집중하고 있다.

강진에 사는 나는 아침부터 서둘러 장흥 용산면으로 갔다. 지붕이 있는 작은 장터에 옹기종기 펼쳐진 전이 대여섯 곳, 파는 사람과 사는 사람을 모두 합쳐야 스무 명 남짓. 이리저리 눈길을 돌려도 자꾸 사람들과 눈이 마주쳐 낯설고 민망했던 나의 첫 마실장. 월남고추와 애호박을 사려고 "얼마예요?" 물으니 "어, 그르게, 얼마를 받지요?" 하는데 킥킥 웃을 수밖에 없었던 첫 거래의 기억. 그렇게 1,500원을 주고 산 월남고추와 애호박을 누런 종이봉투에 담아 주는데, 무언가 머리를 '쨍!' 하고 울리던…, 햇볕이 무척이나 뜨거운 가을날이었다.

마실장의 시작

장흥으로 귀농한 이들이 '얼굴이나 보자'고 시작한 마실장을 오일장터에서 열기로 했던 건, 겨우 몇 년 사이에 어물전 한 곳, 채소전 한 곳만 남아 버린 용산 오일장에 대한 아쉬움 때문이었다고 한다. '관계'가 끊어진 장의 말로를 눈으로 확인한 귀농인들은 마실장을 널리 알리기보다는 가까운 지인들에게 알리고 장에서 만나 관계를 만드는 데 집중했다. 한 달에 한 번, 주기적으로 만나니 안 보이면 궁금하고, 궁금하면 물으면서, 누가 여행을 가는지, 집안 행사가 있는지 자연스레 알게 된다. 아이들도 자주 보고 어울리니 자연스럽게 친해져서 아이들은 아이들대로 어른들은 어른들대로 즐거운 시간을 보내고, 아이들 친구가 인연이 되어 부모들이 관계를 맺기도 한다. 관계가 생기니 챙겨서 가고, 좋은 이들에게 알려서 함께 가고, 거기서 또 새로운 관계가 생기는 순환이 있는 곳이 바로 마실장이다.

처음 시작한 이들이 생태적으로 살아 보고자 노력하는 이들이었고, 마음 통하는 이들이 모이다 보니 건강한 먹을거리가 중심이 되고, 비닐이나 일회용품을 되도록 쓰지 않는 것도 자연스레 지켜졌다니, 마실장은 장에 오는 이들의 삶 그대로의 모습인 셈이다.

시골장 마니아, 전을 펴다

내가 대학에 가던 해에 부모님이 귀농하셨고, 1년 만에 휴학하고 난생처음 시골에서 살게 된 내게 시골장은 별천지였다. 채소, 생선이 싱싱한 것은 당연하고 값도 싼 데다 할매들이 손수 뜯어 오시는 온갖 제철풀과 열매들! 아이를 낳고 시골살이를 선택한 뒤에도 습관처럼 장날은 꼭 챙기고 가까운 해남이나 장흥장도 한 달에 두세 번씩 챙겨서 가는 시골장 마니아인 내게 마실장은 그야말로 '이상향'이었다.

당장 다음 달부터 내가 구운 채식쿠키를 가지고 판매자로 참가하기 시작했고 안 입는 옷, 엄마가 만드는 발효액이나 장아찌, 미숫가루 들도 냈다. 쿠키만 구웠더니 재미가 없어서 얼마 뒤부터는 그때그때 기분에 따라, 재료에 따라 새로운 것을 들고 나섰다. 방치농법(?)으로 키워 낸 메주콩으로 만든 채식귀리쿠키를 기본으로, 가을 텃밭에서 난 땅콩을 갈아 만든 '소보로', 독일식 티푸드인 '쿠흔', 뒷마당 무화과를 졸여 달달한 머핀, 봄바람에 설레는 마음처럼 부드러운 쌀카스테라, 흐린 날에 커피와 함께 먹으면 기분 좋아지는 시나몬롤, 맛난 자색양파를 얻어 양파잼을 만들고는 그와 어울리는 허브 포카치아를!

마실장을 알고 나서, 나의 한 달은 마실장을 중심으로 돌아갔다. 마실장에서 만나는 이들에게 맛보이고픈 빵을 고민하고, 밑재료를 준비하는 데 일주일이 꼬박 걸리기 예사며, 마실장 전날은 따뜻한 빵을 가져가고 싶은 맘에 늘 밤을 새우지만 어쩌나 설레고 두근대는지 모른다.

마실장 사람들

쭈뼛거리며 처음 마실장에 간 날, 투박하게 생긴 나무 숟가락과 젓가락, 작은 옹기를 내어놓은, 눈에 띄는 이들이 있었다. 함께 간 친구가 '전기 없이 사는 그들'이라며 소개해 준 하얼과 페달. 비자나무 숟가락과 대나무 젓가락을 사포도 없이 온전히 칼로 깎아낸다는 말에 깜짝 놀라고, 자전거로 산을 올라 따 온 야생녹차를 황토방에서 소나무만 때서 발효시킨 '달오름차'에 다

풍물로 흥겨운 시간

시 한 번 깜짝! 자연에서 꼭 필요한 것만을 취하며 함께 살아가는 그들의 삶에 주목하게 되는 것은 나만은 아닐 터. 하얼과 페달이 마실장에 내어놓는 물품들은 늘 장터의 화젯거리다.

호박이 풍년이라 호박잼을 만들다가 어쩌다 넣은 바질 덕에 '대박'을 치기도 했고, 옹기화로에 땔감, 옹기솥까지 바리바리 싸들고 와서 내어준 따끈한 현미채소 수프로 한겨울 꽁꽁 언 몸에 '불의 기운'을 전해 주기도 했다. 올봄, 채집한 풀과 꽃 그리고 손수 만든 된장소스로 김밥을 말아 뻥튀기 접시에 올려 냈을 땐, 화려한 자연의 색에 모두가 탄성을 지를 수밖에 없었고, 산책하다 발견한 살구나무에서 땄다는 '야생살구'로 만든 잼에서 느꼈던 강렬한 신맛은 아직도 잊을 수가 없다. 요즘에는 하얼이 바구니 짜기에 푹 빠져서 여러 가지 디자인과 소재로 된 바구니를 선보이고 있으니 달마다 '무엇을 팔지' 예측할 수가 없는 '마실장의 바퀴벌레 한 쌍'이다.

되도록 기계를 쓰지 않고 자연농을 지향하는 쪼님과 율님의 농산물은, 그이들이 농사짓는 모습을 가까이에서 지켜본 인근 주민들에게 인기가 더 많다. 양이 적은 건지 몽땅 팔리는 건지 늘 궁금하지만, 아침까지 빵을 굽느라 늘 지각 아니면 다행인 나는, 내가 갔을 때 남아 있는 것 말고는 오늘 장에는 무엇을 갖고 나왔는지조차 알 수가 없어 늘 아쉽다. 마실장에서 내가 처음으로 샀던 애호박도 율님에게 산 것인데, 단단한 질감이며 단맛이 일품이었다. 먹물색 얼룩 때문에 '선비잡이'라는 이름이 붙은 콩도 쪼님과 율님 덕에 알게 되었는데 고소한 맛이 최고였다. 밭에 자리가 필요해 뽑아 왔다는 아가양파는 6,000원어치가 어찌나 많던지 피클을 담그고 담그고 또 담가 지금까지도 입맛 없을 때 한 병씩 꺼내 먹고 있는 효자 품목이다.

샛골 여름지기 작목반은 장흥 용산과 안양에 사는 몇 가구가 함께 토종 종자를 자연농으로 키우는 것을 목표로 곡물 중심의 농사를 짓는다. 오색미, 흑미, 토종 밀가루부터 어떤 집은 열무김치를, 어떤 집은 미숫가루를 또 다른 집은 효소나 담금주를 가지고 나오기도 한다. 지난봄에는 '뻥튀기 아저씨'를 모시고 와서 요즘은 듣기 어려운 "뻥이요~" 소리가 마실장을 즐겁게 해주기도 했다. 건강하게 키운 현미, 흑미, 보리, 쥐눈이콩 들을 뻥튀겨서 한 보따리씩 들고 가는 재미가 쏠쏠했다. 습한 여름이 지나고 가을이 되면 '뻥튀기 아저씨'가 다시 오신대서 다들 기다리고 있다.

화순에서 오는 털보와 아낙은 〈인간극장〉에 출연하기도 했던 유명인사다. 처음에 나는, 누가 이리 이국적인 음악을 틀어 놨는지 궁금했는데 알고 보니 털보아저씨가 팬플루트를 연주하고 계셨다. 풍물과 판

소리에 이어서 팬플루트라니! 시골에서 문화생활이 안 된다고 누가 그랬나? 마실장 두 시간 동안 귀가 호강한다. 1,000원이라는 싼값에 스멀스멀 올라오는 의심을 지그시 누르며 사 왔던 느타리버섯의 짙은 향과 쫄깃함에 깜짝 놀랐다. 그런데 나만 놀란 게 아니었던지 그 뒤부터는 조기 완판이 돼서, 마실장에서 장사하느라 바쁜 나는 통 사 먹을 수가 없다. 초여름 산에서 따 오셨다는 오디는 구경도 못 해봤다.

　손수 재배한 약초를 넣어 우리밀 누룩으로 빚은 가양주를 내시는 박성용 님의 테이블도 늘 문전성시다. 건강한 데다 맛난 술에 장모님 손맛표 안주를 제공해 주니 사자마자 홀짝홀짝, 지나가는 사람도 한 잔씩 나눠 먹고, 먹은 사람은 이건 약주가 분명하다며 사니 완판일 수밖에! 세월호 사건을 계기로 맥주를 끊은 내게 한 달에 한 번, 알딸딸함을 선사해 주는 가양주에 폭 빠져서 '생주'인 줄 모르고 꼴딱꼴딱 마셨다가 혼난 적이 있으니 꼭 알

코올 함량을 확인하시길!

해남에서 오는 송항건 님은 농약, 비료, 액비, 퇴비, 제초, 비닐이 없는 6무(無) 농법을 고집하는 자칭 '게으른 농부'다. 농사지은 쥐눈이콩으로 만든 된장과 간장 맛도, 능숙하게 바로 볶아 주는 해바라기씨의 고소함도 참 깊다. 사실 '인증' 말고는 제값을 받을 수 없는 현실에서 자연농으로 판매할 농산물을 생산한다는 것은 밑지는 장사일 터인데 늘 "게을러서 어쩔 수 없이 아무것도 안 하는 거"라고 말하는 시원시원한 농부님이다.

화순에서 오는 청라 님과 상아 님네 '흑미가래떡'은 한동안 우리 집에 떡국 열풍을 불러왔다. 용감하게 혼자 귀농해서 기계 없이 벼농사를 짓던 청라 님에게 젓가락으로 낟알을 훑으며 친해진 상아 님이 나락다발을 들고 프로포즈를 했고 다올이, 다랑이 두 아이가 생겼지만 여전히 그때와 같은 방식으로 농사를 짓는다. 지난봄 오래된 화물차를 폐차했다는 소식에 '이제 마실장에서 못 보겠구나' 했는데 아이 둘과 함께 버스를 타고 오셔서 깜짝 놀란 날, 청라 님은 타로카드를 꺼냈다. 힘든 길이라 늘 오진 못해도 오늘은 볼 수 있을까 기대하게 되는 식구이다. 가을걷이가 끝나고 다시 '흑미가래떡'을 맛볼 수 있길 바란다.

모두가 함께하는 마실장

내가 아는 사람들에게 처음 마실장을 설명할 때 '귀농인들이 여는 장'이라고 표현했다. 그런데 지난겨울 마실장 날, 어디선가 풍겨 오는 싱그러운 향기에 코를 벌름거리고 있는데 친구가 적당히 익은 꼬막을 하나 들고 왔다. 알고 보니 누군가가 어물전 아짐에게 술을 한잔 권했고 어물전 아짐은 답례로 꼬막을 굽기 시작했다는 것. 곧이어 어물전 아짐이, 피워 놓은 불 옆에서 소리를 하기 시작한 것은 당연한 수순이었다. 장터의 모양이 티(T) 자인 탓에, 예전부터 용산장을 지켜 오던 어물전이나 채소전과 공간으로도 분리된 듯해 불편했는데 그 순간, 가슴에 따뜻한 무언가가 차오르는 느낌이 들었다.

장터 바로 옆, 정갈한 한옥에 사는 은발의 멋쟁이 아짐은 늘 필요한 것만 골라 휙 사 가시곤 했는데 언젠가 내게 커피를 주문하셨다. 한 잔이었던 커피는 다음 달에는 두 잔, 그 다음 달에는 석 잔이 되었고 지난달에는 컵을 씻어서 갖다 주시기에 "그냥 주셔도 되는데…" 했더니 "여기는 다 씻어서 갖다 주더라고" 하시는데 감동으로 눈물이 핑 돌기까지 했다. 언제부터인지 장터에는 할매, 할배 들이 늘었다. 용산 사는 분들의 증언에 따르면 동네 아짐이 "집이들 보러" 장에 나오신다고 했다니, 마실장은 '귀농인들이 여는 장'만이 아닌 것은 확실해지는 듯하다.

마실장에서 꿈을 꾸다

마실장을 알고 내게는 꿈이 생겼다. 마실장에 오는 농부들은 '유통'을 생각할 만큼의 양도 되지 않는 그야말로 '소농'들이 대부분이다. 그들이 건강하게 기른 농산물과 나의 빵을 바꿀 수 있다면? 내가 그들의 '잉여' 농산물을 살 수 있다면? 나는 먹을거리의 자립을, 소농들은 경제적 자립을 이루어 낼 수 있을지 모른다! 이렇게 시작된 작은 꿈은 내 빵을 그이들의 생산물로 만들고 싶다는 큰 꿈으로 자랐다. 마실장에서 만나는 이들이 재배한 밀, 나아가 그 밀을 함께 심고 키워 그 밀로 구운 빵을 나누고픈 꿈! '내 공간'에서 그이들이 건강하게 길러 낸 농산물로 요리하고픈 꿈!

아직 구체적이진 못하지만 조금씩 실천해 보는 의미로 지난번 간식꾸러미에는 해남 동이와 와이가 키운 자색양파로 잼을 만들어 넣었고, 이번 마실

아이들과 이야기 할머니

장에는 미세마을에서 키운 감자를 구워서 팔기로 했다. 마실장에 오는 농부 님들께 내가 가장 많이 쓰는 재료인 밀가루부터 부탁하고 싶었지만 제분이 어려워 밀농사를 짓지 않는다는 이야기에 제분 문제를 해결할 방법을 찾고 있다. 올해는 자신 있게 밀농사를 지어 달라 이야기할 수 있었으면 좋겠다.

사실 마실장에서도 농산물보다는 농산물 가공품에 대한 선호도가 높아 염려스러웠는데 처음에 자기 농산물을 가공했던 것을 넘어 마실장 안에서 재료를 구해 가공하는 이들이 늘고 있다. 같은 꿈을 꾸는 이들이 있다는 것은 참 든든한 일이다.

앞으로의 마실장은?

지역 장터로서 마실장이 갖는 의미와 기능은 실로 소중하다. 우선은 소 농 농가들의 농산물을 지역 안에서 소비할 수 있는, 믿을 수 있는 직거래 장

터로서 자리를 잡아 간다는 사실이다. 하지만 단순한 '유통' 문제로만 생각해서는 안 된다. 다시 말해서 '좋은 물건을 싸게 산다'는 논리만으로는 지속가능하지 않다는 것이다. 장 안에서의 관계를 통해 '이 사람의 물건은 믿을 수 있다'는 그리고 더 나아가 '무엇을 생산해도 팔 수 있다'는 생산자와 소비자 사이의 탄탄한 신뢰관계가 전제되어야만 물품이 다양해지고 꾸준히 찾는 이들이 생겨 '장이 흥하게' 될 것이다.

첫 마실장에서 비닐봉투가 아닌 노란 종이봉투를 보고 받았던 충격은 나에게 '자연과 모두가 함께 건강한 방식'을 고민하게 했고, 마실장에 오는 이들의 삶을 보면서 작은 변화가 시작되었다. 집에서 휴지 옆에는 손수건이, 주방에는 얇은 행주와 작은 유리병이 자리를 잡았다. 습관대로 생협에 가려다가도 마실장을 기다리게 되어 냉장고에 비축돼 있던 식재료들이 사라지면서 자연스레 밥상도 단순해졌다. 장터에서 맺은 관계 속에서 다른 이들의

삶을 보고 내가 변화하는 것처럼 마실
장을 찾는 이들도 작은 변화를 겪을 것
이다. 그렇게 마실장은 진정한 의미의
'지역 안에서의 소통'과 함께 이어져 가
게 될 것이다.

여기저기 또 다른 마실장들

좋은 사람들과 서로 있는 것을 나눌 수 있어 좋고, 끈끈하게 당기는 이들
이 생겨 좋은 데다, 가정 경제에 도움이 되어 더욱 좋은 마실장! 장흥 마실
장의 기운 덕분인지 여러 지역에서 특색 있는 지역 장터들이 생겨나고 있다
는 소문이다. 가까운 전남에만도 벌교의 '녹색살림장', 해남의 '모실장', 고흥
의 '미치고 환장', 곡성의 '영판 오진장', 구례의 '콩장'… 그리고 전국 여기저
기에 늘어나는 지역 장터들 소식이 반갑다.

먹고살 수 있는 자원이라고는 나 자신의 노동력 하나뿐인지라 아직 다른
장에는 방문해 본 적이 없지만 들리는 소문에 따르면 장마다 개성이 뚜렷
하다고 한다. 이러한 지역 장터들이야말로 자본주의의 한 대안으로서, 거대
자본을 거치지 않고 지역의 생산물을 지역 안에서 소비하는 진정한 '로컬푸
드'를 실현할 것이라 기대해 본다. 또한 자급하는 삶을 기본으로 한 소농들
에게 꼭 필요한 만큼의 화폐소득을 이러한 장터들이 책임져 줄 수 있다면,
시골살이를 꿈꾸지만 '밥벌이가 없어서' 올 수 없다는 이들에게 하나의 대안
이 되지 않을까? '마실장 덕분에' 좀 더 많은 이들이 시골에 내려오고 또 그
렇게 마실장은 더욱 '흥'하는 순환이 이루어지길 간절히 바란다.

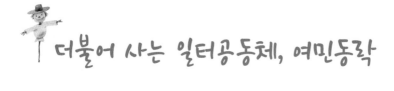

더불어 사는 일터공동체, 여민동락

권혁범 | 전남 영광 묘량 여민동락 공동체에서 센터장으로 일한다. 노인복지라는 것이 그럴 듯한 건물을 지어 놓고 중병에 걸린 극소수의 노인에게만 돌봄서비스를 제공하는 데 문제 가 있다고 보고 마을로 들어가서 할매, 할배 들과 함께 마을살이를 하고 있다.

아침 7시 50분, 나는 '여민동락 공동체' 봉고차의 시동을 거는 일로 공식 적인 하루 일과를 시작한다. 학생 수가 부족해서 묘량에 하나밖에 없는 교 육기관인 묘량 중앙초등학교를 폐교시킨다는 공문이 온 뒤로 지역민과 함께 작은 학교 살리기를 시작하면서 쭉 해온 일이다.

그때가 2010년이었다. 학교가 문을 여는 날은, 단 하루도 빠짐없이 하루 에 네 번씩 통학차 운행을 했다. 지성이면 감천이라고 12명이던 학생 수는 56명이 되었고 유치원은 5명에서 28명까지 늘었다. 작은 학교 살리기는, 지 역민과 더불어 행복한 농촌을 만들자는 취지로 설립한 여민동락 공동체의 가장 중요한 지역사업이다. 더욱이 작은 학교의 장점과 가능성을 보고 아들

둘을 보내는 학부모였던 나로서는 사실 가장 마음을 쓸 수밖에 없는 일이기도 했다.

10년 전, 대학 선후배 관계였던 세 부부가 저마다 가던 길을 접고 뜻있는 사회적 실천을 약속하며 농촌으로 내려오기로 결심했다. 세 부부 중에 여민동락 공동체 대표인 강 선배만 사회복지사 일을 하고 있었고, 나머지는 학교와 교회에서 자신의 길을 가고 있었다. 전부터 농촌에서 살고 싶다는 생각은 다들 조금씩 하고 있었지만 무엇을 어떻게 할 것인지는 깊게 고민한 적이 없었다. 그런데 대학시절 가장 존경했던 선배가 어느 날 찾아와 귀촌을 제안했을 때 다들 솔깃했다.

각박한 도시생활을 접고 좋은 사람들과 함께 모여 사는 것, 나만을 위한 삶이 아니라 주변의 어려운 이웃과 지역사회에 보탬이 되는 사회복지인으로 산다는 이야기는, 팍팍했던 당시에 삶의 청정제와 같았다. 더군다나 공기 맑고 일상을 자연과 함께하는 농촌, 도시와는 달리 이웃 간의 정과 사랑이 넘친다는 농촌에서 산다고 하니 뭔가 인생이 달콤하고 여유로워질 것 같았다. 그래서 자격증이 없던 넷이, 선배의 제안을 듣고 바로 사회복지학과로 편입했고 내려올 무렵에는 모두 사회복지사 자격증을 땄다.

우리가 내려와서 맨 먼저 시작한 일은 노인복지 사업이다. 농촌의 고령화는 이미 심각한 수준이었으므로 아무래도 농촌의 대다수를 차지하는 노인들의 삶에 관심을 가질 수밖에 없었다. 이때 세 부부가 약속했던 내용이 있다. '뭔가를 새롭게 시작했을 때 외부의 지원으로 자립이 가능하겠냐!'는 것이었다. 과거 대부분의 복지시설들이 국가 보조금으로 연명하며 자생력과 내성이 없어져 결국엔 활동의 제약까지 받는 것을 안타깝게 생각했기에 우리는 자립할 때까지 자력으로 일어서자고 했다. 그래서 없는 돈이지만 세 부

'여민동락 할매손' 떡공장에서 모시떡을 만드는 어르신들

부가 저마다 역량에 맞게 출자를 하고 거기에 맞는 역할을 했다. 초기에는 재정적으로 어려웠지만 시간이 흐르면서 후원금이 늘어났고 1년 만에 노인 복지 시설을 자체 운영할 수 있을 정도로 자립했다.

그런데 막상 농촌에서 일을 시작해 보니 농촌복지의 방향에 심각한 고민이 들었다. 10년 뒤면 아이들이 없어 학교가 사라지고 노인들조차 돌아가시어 빈집만 무성한 농촌이 될 텐데 시설에서 노인분들 모시고 서비스를 제공하는 것이 도대체 농촌에 무슨 도움이 될 것인가 하는 것이었다. 깨진 독에 물 붓기이자, 자기만족밖에 더 되겠냐 하는 것이었다. 그래서 새로운 일을 도모하게 되었다.

논의 끝에, 경제적으로 어렵지만 몸은 건강한 노인분들을 위한 소득 창출 사업으로 모싯잎 송편 공장 '여민동락 할매손'을 설립했고, 농사(모싯잎, 콩류 들)를 짓는 '어르신 작목반'도 꾸려 함께 만 평의 농장을 일구게 되었다. 물론 초기 사업자금은 빚이었다. 농협에서 필요한 만큼 대출을 받았다. 초기엔 우여곡절도 많았지만 지금까지 망하지 않고 잘 운영되며, 5년 전부터는 '동락점빵'이라는 작은 구멍가게도 운영하기 시작했다.

이곳은 다른 면과 달리 사회적 인프라가 매우 빈약하다. 어떤 이의 표현대로 '구매 난민'의 생활이다. 다시 말해, 모든 생필품을 거의 읍에서 사다 쓴다. 그런데 차가 없거나 건강이 불편한 노인분들은 그 일도 각오를 하고 나가야 한다. 그래서 사회서비스 개념으로 시작한 게 바로 동락점빵 사업이다. 개조한 용달차에 물건을 가득 싣고 42개 마을을 돈다. 그리고 경로당에서 작은 장터를 연다. 차 스피커에서 점빵 차가 왔음을 알리는 소리가 나온다. "동락점빵 차가 왔습니다. 신선한 두부, 고등어, 콩나물… 준비했습니다" 하는 소리는 이제 일주일에 한 번은 묘량면 거의 모든 마을에서 들려온다.

어쩌다 동락점빵이 한 번이라도 쉬면 할매들 전화가 빗발친다. 여민동락 공동체 대표가 어느 글에서 동락점빵은 단순한 이동장터가 아니라고 썼다. 트럭을 운전하는 분과 '점빵 아짐'은 어르신들의 손과 발이 되기도 하고 때로는 자식 노릇을 대신하기도 한다. 그러다 어느 날 아프다는 이야기, 치매에 걸렸다는 이야기, 돌아가셨다는 이야기를 듣는다. "매주 장터에서 만나는 어르신들이 무려 300명에 가깝다. 그만큼 사연도 많고 눈물도 깊다. 어르신들의 마지막 삶과 동행하며 우애의 역사를 써 나가고 있다. 평생을 농부로 살다가 이제 가장 작고 힘없고 가난한 생의 끝에 와 있는 분들이다. 충만한 삶을 기대할 순 없다 해도, 생의 끝자락에 외롭지 않게 기댈 어깨 정도는 옆에 있어야 마땅하다. 온 마을 어르신들의 어깨가 돼 가는 '점빵 아짐'은 할 일이 태산이다." 동락점빵을 가장 잘 설명할 수 있을 것 같아서 옮겨 보았다.

지금은 공동체 식구들이 18명이 되었다. 대부분 외지에서 귀촌한 식구들로 저마다 사업을 맡아 운영하며, 회의로 모든 걸 결정한다. 물론 지금까지 과정이 순조롭지만은 않았다. 공동체는 늘 반목과 갈등이 생기는 조직이기에 서로에 대한 무한신뢰와 배려로 하나씩 극복하고 있다.

초기에는 세 부부가 지역에 되도록 빨리 안착하기 위해 어렵사리 마을의 빈집들을 수소문해서 따로따로 살림을 시작한 뒤 같이 모여 공부도 하고 책도 많이 읽었다. 앞서간 공동체 선배들이 겪었던 무수한 어려움을 배우면서 그것을 어떻게 극복하고 지역사회에서 지역주민으로 자연스럽게 뿌리내리는 일터공동체를 만들 수 있을까, 하는 것이 가장 큰 숙제였기 때문이다. 그렇게 마을 주민으로 첫 걸음을 뗀 지 1년 반 만에 여민동락 노인복지 시설을 설립했다.

수많은 시행착오와 고난의 학습

여민동락의 초창기는 그야말로 수많은 시행착오와 고난의 연속이었다. 평생을 도시에서만 살아온 나는 농촌만이 가지는 고유한 문화와 규칙, 정서를 체득하기가 쉽지 않았다. 경제적 빈곤함은 어느 정도 각오하고 왔지만 내면의 빈곤함은 농촌살이, 공동체살이의 가장 중요한 과제인 관계 맺기를 늘 어려움에 빠뜨렸다.

내려온 지 석 달쯤 되었을 때다. 면 소재지에 할머니 한 분이 운영하는 작은 구멍가게가 있는데 그 가게를 내가 인수한다는 소문이 돌았나 보다. 지역에서 만난 동생이 왜 인수하려고 하냐며 타박을 했다. 도대체 어디서 그런 이야기가 나왔는지 참으로 당황스러웠다. 무언가 빌미를 제공했을 것 같기

설날, 마을 어르신들이 손수 글씨를 써서 주신 복돈 봉투

는 한데 도무지 감을 잡을 수 없었다.

1년이 지나 어느 정도 지역에 대한 파악이 끝났다고 생각했을 무렵 본격적으로 지역아동센터 설립을 추진하면서 법적·행정적 준비를 마무리하고 있었다. 그런데 전혀 예상하지 못했던 일이 터졌다. 지역의 어느 단체에서 지역아동센터를 내부적으로 준비했고 나보다 먼저 행정기관에 1차 설립신고를 한 것이다. 당연히 내가 할 줄 알고 있었던 담당 공무원은 급히 군으로 들어오라고 했고, 내용을 보니 지역에서 힘 좀 쓴다는 그 단체가 일을 추진한 것이다. 그래서 부리나케 책임자를 만나러 가서 통사정을 했다. 교사의 꿈을 접고 내가 여기에 왜 내려왔는지, 어떤 꿈이 있는지, 전공자인 내가 왜 적합한지를 말하며 간곡히 부탁했다. 그런데 그분은 미동도 하지 않았고 바로 며칠 뒤 설립을 완료했다. 나중에 그 단체와 관련 있는 국장의 이야기를 들었더니, 나를 비롯한 여민동락 공동체가 그 단체의 요주의 대상이 되어 있었다. 아마 내가 그때 말했던 내용에 상당한 불쾌감을 가진 듯했다. 지금도 그러는지는 모르겠다.

또 정착 초기에 밭 600평을 임대하여 농사를 짓는데 자연농법이니 뭐니 말도 안 되는 농법으로 농사짓는다고 지역 형님과 어르신들께 툭하면 혼나고, 사람 소개해 준다기에 따라간 자리에서 나름 최선을 다해 지역 형님들 누님들을 위해 기쁨조 역할을 했더니 품위 없이 놀았다고 욕먹고, 내가 제일 하고 싶었던 지역아동센터 일이 틀어지고, 늘 자신감에 넘쳐 살아왔던 삶에 자괴감만 쌓이고 귀촌에 회의가 늘어 집에 틀어박혀 끙끙거렸더니, 이제는 마을 일에 신경 쓰지 않는다고 눈 밖에 났다. 거기다가 묘량에 유일하게 남은 초등학교가 폐교될 위기여서 여민동락 공동체에서 봉고차를 사서 등하교 자원봉사를 하는데, 학부모들한테 돈 받고 사업한다는 소문까지 돌았다.

나는 꽤 이타적이고 잘 돕고 소통이 잘되는 사람인데, 못된 지역 사람들의 각박한 인심이 내 마음을 알아주지 않고 나를 힘들게 한다고 생각하니, 불쾌감은 뒤로 하더라도 분노가 치밀어 오를 때가 한두 번이 아니었다. 물론 이럴 때마다 찾아가서 항의도 하고 적극 해명도 하고 싶었지만, 공동체 대표의 말 따라 그냥 묵묵히 제자리에서 최선을 다하기로 했다. 그 뒤로 점차 시간이 흐르고 내 자신이 안정되면서, 사람이든 지역의 어떤 모습이든 불편하고 억지스러워 보여도 배경에는 그럴 만한 까닭이 있으며 결국 내 자신의 문제라는 것을 느끼기 시작했다. 인생 경험 많다고, 아직 젊으니 열정 하나로 섣불리 나섰다가는 나중에 만만치 않은 결과를 감당해야 한다는 것을 내 경험뿐만 아니라 지역의 다른 귀촌자들을 보면서도 배울 수 있었기 때문이다.

귀농 · 귀촌은 이런 마음으로

더 많은 이들이 왔다갔지만 지금은 열여덟 사람이 함께하는 우리 공동체에 새로 합류하는 식구들에게나, 귀농 · 귀촌 교육을 할 때 늘 하는 이야기가 있다. 아직도 부족함투성이지만, 크게 세 가지를 말한다.

첫째, 공동체와 같은 조직에 들어가든 지역에서 농사를 짓든 개인사업을 하든, 지역에 대충 발 하나 담그고 이 귀농이 성공할지 실패할지 불안감에 떨면서 미적거릴 시간이 없다. 세상 어디에도 새로운 일을 시작하면서 대충대충으로 성공한 사례는 찾기 어렵다. 내 적성에 딱 맞는 귀농이란, 농촌에서의 일이란 거의 없다. 도시에서의 무한경쟁과 물욕주의, 인간소외를 벗어나 생태적 삶과 사회적 가치를 실현하고자 왔다 해서, 생존을 도외시하고 나 혼자 착하게만 산다고 목표를 달성하기는 더더욱 어렵다. 이런 분들이 늘어날수록 귀농 · 귀촌에 대한 비관과 염세주의만 늘어날 뿐이다. 일이든 관계든 최고의 성실로 살아야 한다.

둘째, 적어도 1~2년은 묵언수행하는 자세로 살아야 한다. 주로 들어야 한다. 요즘 유행하는 말로 '경청'이다. 초기에는 내가 무슨 말을 한들, 그것도 잘해야 본전이다. 원주민과 마을의 역사와 현재를 잘 이해하려면 끊임없이 들어야 한다. 듣고, 물어보고, 할 수 있다면 기록하는 것도 좋다. 세상에 어떤 기계보다도 가장 복잡한 게 인간이다. 인간이 만들어 가는 관계와 소통은 늘 불안과 모순이 상존하며 과정은 복잡하고 지루하기까지 하다. 그래서 남을 탓하기 전에 나를 되돌아봐야 한다. 경청은 상대방에 대한 이해이자 나 자신에 대한 끊임없는 성찰을 전제로 한다. 그러면 저절로 관계의 깊이는

일주일에 한 번, 동락점빵 아짐과 엄니들의 '겁나게' 반가운 만남

깊어지고 넓어진다.

셋째, 질 높은 좋은 관계를 꾸준히 가져가도록 노력해야 한다. 내가 먼저
상대방을 존엄하게 존대하면 나도 존중받는다. 관계의 질을 높이는 것이, 밑
도 끝도 없이 형님 동생을 외치고 술로 밤을 지새우며 노래방에서 탬버린
흔든다고 생기는 것이 아니었다. 협동으로 뭔가를 추진하는 사람들끼리는
불편하더라도 눈을 마주하고 자신의 감정을 솔직하게 이야기해야 하지만,
그러지 아니할 때는 화이부동하는 마음도 필요하고 정 어려울 땐 한발 물러
서는 여유도 필요하다. 학교 살리기를 시작했을 때 지역에서 별의별 소리가
다 있었다. 그중에 학교 살리기가 자기에게 이익이 되지 않기에 내가 눈엣
가시였던 사람이 있다. 어느 날 아주 험악한 얼굴로 나를 찾아왔다. 목소리
를 높이며 자기 이익을 관철하려고 할 때, 나 고민 많이 했다. 끝까지 싸워
야 할지 말아야 할지….

결국 그분의 말을 들어주기로 했다. 속으로는 분했지만 당장 그 일이 학

교 살리기 자체에 큰 영향을 주거나 법적으로 문제가 되는 상황이 아니었기에 미래를 기약한 것이다. 마침내 4년 뒤 학교 살리기는 대세가 되었고, 그분은 욕심을 접어야 했다. 그리고 지금은 학교에 장학금도 주고 있다.

관계 맺기는 성장의 밑거름

새롭게 귀촌한 분들로 공동체 식구가 많이 늘었다. 더불어 근심도 늘었다. 온종일 얼굴을 마주해야 하는 공동체 생활은 결코 녹록지 않다. 지연, 학연 어떤 것도 관련 없는 사람들끼리 저마다의 삶터에서 온갖 사연을 품고 이곳으로 모여들었으니, 설렘과 불편함은 늘 따라다닌다.

그런데 다르게 보면, 거대한 흐름을 거슬러 미지에 터 잡기 위해 모여든 자체가 혁명일 수 있다. 공동체를 찾는 이는 대개 자기 색이 강하고 자유로운 영혼들이 많다. 그래서 뜻만 잘 모아 내면 뭔가 일을 낼 멋진 집합이기도 하다. 결국 공동체도 규모에 맞는 살림운영 능력과 리더십 그리고 영성이 스미는 학습과 훈련이 필요해진다. 그래서 늘 우리는 성장의 기회에 노출되어 있다. 이 얼마나 기쁜 일인가! 나는 늘 모든 것이 잘될 거라는 낙관적 상상력에 푹 빠져 산다. 위기와 비관적 상황을 제대로 직시하고 희망을 만드는 주체가 나임을 늘 생각한다. 그래서 실수와 실패가 두렵지 않다. 21세기 농촌은 새로운 문명의 시작이 될 것이다. 그 길에 귀농, 귀촌인이 주인공이 될 수 있다.

특별하지도 평범하지도 않은 옥천의 힘, 민에서 나오다

 황민호 | 2002년 〈옥천신문〉에 입사해 기자로 활동하다가 2012년 돌연 퇴직하고 옥천살림 배달의 기수로 학교급식과 공공급식 배달을 3년 동안 했다. 옥천순환경제공동체를 만드는 데 함께 힘을 보태고 2015년 다시 신문사로 복직해서 기자로, 또 그냥 옥천 주민으로 살아가고 있다.

요샛말로 '귀'한 사람이 오는 귀촌, 귀농이라 하겠지만, 저는 그냥 이사를 했습니다. '귀농', '귀촌'이라는 말은 그 옛날 '귀향'과는 어감이 사뭇 달라 많은 격세지감을 느끼게 합니다. 그것은 '금의환향'과는 또 다른 의미라서 징벌적 유배의 의미가 더 강했으니까요. 옛날에도 그러했던가 봅니다. 서울에서 가장 멀리 보내는 게, 그리고 오지 산골이나 섬으로 보내는 것이 징벌로서 작동을 했나 봅니다. 그럼 그곳에 애초부터 사는 사람들은 다 벌 받은 사람들일까요? 이런 질문이 불현듯 떠오를 테지만, 우리는 예로부터 서울의 식민지로 별 저항 없이 이조차도 받아들였을지 모르겠어요. 이런 것들은 여전히 몇 세기가 지난 지금에도 작동된다는 것을 아시나요? 속된 말로 공무원들도 '사고를 치면' 가장 오지로 보냅니다. 오지에 사는 사람들은 무슨 사고병력 공무원들만 받아야 되는 것인지. 그리고 신입 공무원 들어오면 또 오지로 보냅니다. 그러면 오지 사는 사람들은 만날 초짜 공무원만 받아야 한다는 건지.

제가 사는 옥천도 오지라면 오지입니다. 요새는 〈옥천신문〉에서 또 옥천 주민들이 많은 이의 제기와 비판으로 이 같은 것들이 많이 사라졌지만, 그래도 된다는 의식들이 여전히 자리 잡혀 있다는 것은 다들 아시지 않나요. 살고 있는 사람으로서는 화가 치밀고 손이 부르르 떨리지만, 그것을 표출해낼 수 있는 도구도, 힘 있게 이야기할 수 있는 동력도 사실 없으니 그렇게 당하고 말았던 거죠.

서설이 길었습니다. 태어나고 자란 곳이 고향이라면 저는 대전이 고향입니다. 거기서 28년 가까이 살았으니 토박이라 할 만하겠지요. 십 몇 년 전만 해도 '귀농', '귀촌'이란 말이 별로 없었어요. 그래서 저는 지자체에서 주는 정책 자금이나 집수리 비용이나 이런 것도 살펴보지 않았고, 또 귀하게 오지도 않고 그냥 '막' 왔습니다. 대전 바로 옆에 옥천이 있었는데, 사실 옥천이 어디에 달라붙어 있는지도 모르는 무식한 촌놈이었지요. 그곳에 〈옥천신문〉이라는 가고 싶은 일터가 있고 비빌 만한 언덕이 있기 전까지 그랬습니다.

뜻하지 않게 언론 공부를 했고 다들 서울에 있는 신문사다 방송사다 원서를 들이밀 때 뭐 실력도 안 되거니와 남들 다 코 박고 목 빼는 데에 나까지 보탤 필요 있냐는 생각에 '다른 생각'을 했습니다. 거기는 나 아니어도 갈 사람 세고 셌으니 나를 좀 더 필요로 하는 곳으로 가자, 그곳에 가서 보탬이 됐으면 좋겠다, 이런 생각이 들었던 거예요. 『작은 언론이 희망이다』, 『지

옥천살림협동조합 창립총회가 끝나고 단체사진 하나 크게 찍었다.

역공동체 신문』, 『사회생태주의란 무엇인가』라는 책들이 지역으로 천착하는 데 더 길잡이가 된 것은 사실입니다. 그래서 지역 신문 기자가 되었고 그렇게 옥천으로 왔습니다.

다시 생각해 보면 귀농, 귀촌이라는 말들은 여전히 엑소더스가 계속되는 농촌의 비참한 현실에서 새로운 대안으로 떠올랐고 그래서 상호 각광을 받은 사실도 있었습니다. 농촌지자체는 갈수록 줄어드는 인구가 지자체장의 성과와 직결되거니와 지역 경제에 미치는 영향도 적지 않으니 '사람 모셔오기'에 안간힘을 썼겠지요. 그렇게 안달복달했으니 도시에서 시골로 귀농, 귀촌한 이들도 일정 부분 어깨에 힘이 팍 들어갈 정도였고요. 지자체의 정책 자금을 비교해 가면서 자금 지원이 많은 곳으로 귀농, 귀촌을 하고 그랬었죠. 저는 이런 양상들이 냉철하게 이야기해서 '삐끼 같다'는 생각을 했습니다.

나이트클럽 직원들이 거리에 나와 홍보하며 던지는 말과 명함 조각들처럼, 지자체도 거리에 나와 사람 구걸을 그리 하지 않는지 안타까웠지요. 그러면 남아 있는 사람들은 뭔가? 여기서 주구장창 사는 사람들은 뭔가? 상대적인 박탈감이 그만큼 들지 않을까요? 어떤 함의로 그런 것을 하는지는 알겠는데 그러면 안 된다고 생각했어요. 바깥에 그렇게 '오시오'라고 목 놓아 말하지 않아도 안에서 '알콩달콩' '행복하게' 살면 절로 오는 것 아니겠어요.

아무튼 불순분자처럼 귀농, 귀촌에 불만이 많았더랬어요. 물론 지금은 도시와 농촌의 격차가 많이 나고 삶의 문화가 매우 이질적이다 보니 그것을 완충하는 공간적 지대와 시간적 여유가 있었으면 좋겠다는 생각은 해요. 환영하고, 환대하는 마음으로 기꺼이 인사하고 지역을 소개해 주는 그런 것들도 있으면 좋겠지요.

이런 이야기하면 꼰대 같다는 소리 듣기 십상이지만, 제가 살아 보니까요, 몇 가지 드리고 싶은 말이 생겼어요. 귀농, 귀촌을 하면 말하기보다는 우선 '듣고', 능력을 뽐내기보다는 먼저 '살피고', 찬찬히 천천히 스며들고 번지는 것이 좋겠다, 먼저 마음의 경계를 허물고 임의롭게 이물없이 서로 편하게 지내는 것부터 우선이겠다, 그리고 먼저 그림을 그리지 말고, 마을에서 지역에서 필요한 일을 거들어서 하는 일부터 했으면 좋겠다, 네 일 내 일 가리지 말고, 이 일 저 일 가리지 말고, 일단은 내 생각이 조금은 다르더라도 그들의 무게중심으로 한번 일을 거들었으면 좋겠다, 하지요.

한 공간에서 살아왔던 시간과 맺어 왔던 관계들을 오로지 능력으로는 간단히 극복할 수 없는 거예요. 존중하고 받아들이는 게 중요하다고 생각해요. 물론 영 아니다 싶으면 말하고, 그래도 안 된다 싶으면 싸워야겠지요. 하지만 우선은 이런 마음가짐이 중요하다는 것을 말씀드리고 싶었어요.

옥천 주민들이 만든 건강한 신문

저는 옥천으로 이사하기를 늘 잘했다 생각합니다. 〈옥천신문〉이라는 급여가 나오는 일자리가 있기도 했지만, 지역을 돌아다니면서 사람 만나서 이야기를 듣는 게 일인지라 누구보다 짧은 시간에 옥천을 알아갈 수 있었지요. 굳이 일자리가 아니더라도 건강한 지역 신문이 있다는 것은 이사하는 데 매우 중요한 '포인트'라고 생각합니다. 어느 시장이 잘한다, 어느 군수가 잘한다, 어느 의원이 잘한다더라, 이 말 믿고 훅 쏠릴 수 있지요. 물론 잘되는 경우도 있지만, 그 사람들은 4년마다 바뀔 수 있고, 바뀐 사람이 또 어떨지 모르는 상황에서 기대치가 큰 만큼 절망도 크게 마련입니다. 화병이 날 수도 있어요. 그런 것에 현혹되지 않고, 많은 것을 할 수 있는 힘은 없지만 그래도 잘못되고 억울한 일이 발생하지 않도록 저지할 수 있는 힘을 가진 '지역 언론'은 참으로 중요하다 싶었어요. 또 매주 속속들이 지역 소식이 빠짐없이 전달되니 이사 온 사람들에게는 〈옥천신문〉만 꼼꼼히 살펴봐도 옥천에 대한 적응력을 상당히 높일 수 있겠지요. 이런 〈옥천신문〉을 27년 전 지역 주민들이 한 푼 두 푼 돈을 모아 직접 만들었다니 참 대단하다 싶었습니다.

주민이 주인인 언론사, 일하는 노동자가 주인인 신문사, 다른 사업 하지 않고도 주민이 직접 내는 구독료와 광고료로만 운영이 되는 신문사, 이는 갑자기 순식간에 만들 수 있는 것도 아니란 생각이 들었습니다. 30년 가깝게 지켜 온 유구한 역사와 전통이 지역 주민들에 의해, 일하는 언론노동자들에 의해 고스란히 지켜져 온 것입니다.

이사를 왔는데 이장이 돈을 요구하거나 민원이 생겨 읍과 면이나 군에 이의를 제기했더니 제대로 들어주지 않는다, 경찰서에 갔는데 일을 이상하게 처리한다, 그렇게 공공기관에 문제제기를 했는데 제대로 풀리지 않을 때 정말 암담하고 답답합니다. 주변에서도 나서지 않고 변변한 시민사회단체도 하나 없을 때 속이 터지고 울화가 치밀죠. 돈은 못 벌어도 사는데 억울하면 못 사는 겁니다. 정말 풍광이 아름답고 산천 자연에 반해 순간적으로 이사를 왔음에도 이런 일 한두 번 겪으면 오만가지 정이 다 떨어지는 겁니다.

그럴 때 마지막으로 찾아가는 곳이 신문사입니다. 신문사에서 내 사정을 들어주고 공감해 주는 것만으로 마음이 사르르 풀립니다. 그리고 기록해 주고 공유해 주는 것으로 힘이 됩니다. 꼭 이기지 않아도 불의에 맞서 싸울 수 있는 든든한 친구 하나 있구나 하는 생각에 다시 지역에서 살아갈 힘을 얻는 겁니다.

그마저도 없다면 어떻게 될까요? 권력과 자본, 그리고 언론까지 유착되고 담합된다면 '지역'이 '지옥'으로 변하는 것은 순식간입니다. 영화 〈이끼〉 같은 마을이 되는 것은 금방이죠. 그래서 옥천으로 귀농, 귀촌하는 사람들에게 은연중에 말씀드리곤 합니다. 여기에는 주민들이 직접 만들고 같이 보는 〈옥천신문〉이 있습니다, 당장 돈은 안 되지만 지역에 건강한 사람들을 연결해 주는 허브 네트워크 같은 구실을 하고, 또 지역에 알리고 공유하고 싶은 정보들 나누는 통로가 되고, 억울한 일 더불어 해결해 주는 언론이 됩니다, 이렇게 말합니다. 잘하는지는 잘 모르겠지만, 아무튼 그렇습니다.

농민들이 주축이 된 지역의 순환경제와 자치

또 하나, 시골에 오면 먹는 것도 걱정입니다. 직접 농사를 지으면 그나마 다행이겠지만, 귀촌을 하신다면 먹을거리도 주요한 선택 사항입니다. 농촌이니까 먹을거리는 많겠지, 이런 생각하면 오산입니다. 도시 생협에 익숙해진 분들이 많을 텐데, 시골 농촌에는 대부분 그런 생협들이 없습니다. 친환

옥천살림협동조합 정백순 두부공장장이 옥천콩 두부를 들면서 홍보하고 있다.

경 유기농 생협들이 다 그런 것은 아니지만, 이들도 다른 농산물 유통 자본과 마찬가지로 농촌을 농산물 생산 기지로 치부하는 경향이 강합니다. 그러다보니 서울 중심의 물류로 싹 빨아들인 후에 쪽수가 많은 곳에 거점을 만들고 유통하는 구조이지요. 정작 가장 많은 농산물을 보내는 지역은 외려 이를 다시 돌려받을 수 없는 '풍요 속의 빈곤' 지역이 됩니다. 돈이 안 되니, 찾는 사람이 없으니 생협이 없습니다. 참 아이러니한 일이죠.

그런데 여기서도 옥천은 장점이 있습니다. 30년 가까운 농민운동의 토대 위에 건설된 '옥천살림' 협동조합이 있으니 말이에요. 옥천의 농민운동은 서울의 아스팔트 운동에 동참을 같이 하면서도 지역을 살폈습니다. 지역의 농정에 대해 매섭게 질타하고 끊임없이 이야기했습니다. 그래서 우르과이라운드 반대, WTO 반대, FTA 반대 등을 외쳤던 그 동력으로 지역의 농정민주주의를 끊임없이 주장하고 투쟁하여 2000년대 초반 5년에 걸쳐 농업발전위원회 조례를 만들어 농민단체들이 직접 지역 농정에 참여하는 기틀을 마련했습니다.

이 기틀 위에 4년 만에 학교급식지원 조례를 만들었고 그 과정에서 잉태되어 나온 것이 옥천살림이죠. 옥천을 살리고 옥천의 먹을거리 살림살이를 건사한다는 의미가 있습니다. 돈을 버는 농업이 아니라 내 아이와 이웃을 살리고 우리 마을과 지역을 보듬고, 땅과 자연을 살피는 그런 지역 친환경 농업으로 학교급식과 공공급식을 하자 의기투합했습니다. 시작은 22명 농민들이, 지금은 50여 명이 훌쩍 넘는 주민, 농민, 노동자가 함께 협동조합을 만들어 운영하고 있습니다. 그래서 옥천군 내 대부분의 학교와 어린이집에는 지역 친환경 학교급식이 들어갑니다. 옥천군 내 모든 어린이집 아이들이 우리밀 빵과 옥천 쌀로 만든 떡을 먹고, 옥천 친환경 과일을 먹습니다. 조그만 직매장에서는 옥천 콩으로 만든 두부와 순두부, 그리고 콩나물도 팔아요. 제철 농산물이 해마다 공급이 되고 집에서 매주 받아볼 수 있는 꾸러미도 있습니다. 여러분은 지역 두부와 지역 콩나물을 일상적으로 드실 수 있나요? 한 주 동안 먹을 지역 농산물 꾸러미를 받아 볼 수 있나요?

올해 안에 옥천푸드 가공센터가 만들어지면 더 많은 지역 농산물 상품이 나올 거예요. 또 내년에 더 큰 직매장을 짓게 되면 하나로마트, 이마트, 홈플러스 못지않은 우리 지역 농산물로 먹을거리를 해결할 수 있는 중요한 거점이 생기는 것이겠죠. 기대되지 않습니까? 여기서 풀리는 돈은 다 지역의 농민에게 그리고 땅으로 갈 것입니다. 저는 이것이 바로 순환경제라고 생각합니다.

지역의 자치와 자급의 중요한 거점이 오랫동안 주민들의 힘으로 만들어져 왔다는 것은 큰 강점이라 생각합니다. 그래서 쉬이 흔들리지 않을 겁니다. 지자체장이나 국회의원이 바뀐다 해서 엎어지는 게 아니라 오로지 우리의 토대로 우리의 힘으로 건사해 왔던 것들이 그 힘으로 가리라 생각됩니다.

또 이런 것들을 가속화하고 연결해 주며 지원해 주는 '옥천순환경제공동체'의 존재도 눈여겨볼 만하지요. 지역에서 삶의 질을 개량화하여 수치로 만드는 풀뿌리 지표사업과 한 달에 한 번 열리는 벼룩시장도 주최하고, 얼마

안남면 배바우작은도서관 아이들이 손모내기를 직접 하고 있다.

전에는 공간도 마련했으니 다양한 일을 함께 도모할 수 있을 겁니다.

옥천읍뿐만 아니라 안내면과 안남면도 지역 자치의 힘이 강한 곳입니다. 안남면은 옥천에서 가장 인구가 작은 면이지만 오랫동안 주민의 힘으로 일궈 놓은 자치의 성과들이 넘실댑니다. 배바우작은도서관, 안남면지역발전위원회, 안남어머니학교, 배바우도농교류센터, 정보화마을, 배바우장터, 배바우신문, 안남에코빌광장 등 면 소재지에 주민들이 직접 만든 공유지에 자유롭게 이용할 수 있는 공공의 공간들이 넘쳐납니다. 이것은 연결되어 있고 뿌리가 깊습니다.

안내면에는 안내행복한학교와 행복한어린이집이라는 보육협동조합이 있습니다. 농민회 회원들 위주로 구성된 안내친환경영농조합법인도 있고요. 이것만 자세히 이야기해도 차고 넘칠 터이지만, 이 이야기는 다음 기회로 미루겠습니다.

부글부글 끓기 때문에 살아 있고, 그래서 함께 가는 것

　지역을 어떻게 규정할 수 있을까요? 그냥 만들어진 것은 없습니다. 거저 주어진 것은 없습니다. 알싸한 것을 포장해서 그럴싸하게 홍보할 수는 있어도 그것이 거짓인지 참인지는 살아 보면 금방 압니다. 그런 것에 현혹되지 마셨으면 합니다. 옥천에는 수려한 관광지도 유명한 문화재도 없습니다. 또한 명망가도 이름난 대안학교도 훌륭한 정치인도 참 찾아보기 힘듭니다. 그렇지만 함께하려는 주민들이 있습니다. 30년 가까이 만든 토대치고 빈약하고 빈곤할 수 있지만, 그래도 안간힘을 써서 가늘고 길게 명맥을 유지하며 '버팅겨' 온 삶의 역사입니다. 누군가 말했던 것처럼 특별하지 않은 사람들이 특별하지 않은 곳에서 특별하지 않은 방식으로 일궈 온 것이 옥천의 역사이기도 합니다. 크게 흥하지는 않더라도 무너지지는 말자, 서로 무너지지 않도록 서로의 일상을 잡아 주자, 대나무밭의 뿌리처럼 얼키설키 엉켜져서 아무리 거센 바람이 불어도 무너지지 않도록 서로를 잡아 주자는 그 말 깊이 새기고 있습니다.

　갈등과 반목이 있기 마련입니다. 똑똑하고 의식 있는 사람들만 있는 곳이 절대 아닙니다. 여러 다양한 사람이 혼재되어 있고 마음을 모아 내는 작업인지라 언제든 갈등과 반목, 다툼과 갈라짐이 존재합니다. 다만 그것을 어떻게 받아들이느냐의 문제입니다. 그것을 없애고 순백의 상태로 유지하기보다는 그것을 삶의 일부로 받아들이고 해가 뜨고 비가 오고 천둥이 치고 눈이 오는 그런 날씨처럼 여기는 것입니다. 부글부글 끓기 때문에 살아 있는 겁니다. 서로 다르기 때문에 존재하는 이유가 생기는 겁니다. 부딪치면서 더 단

안남 주민들이 30년 만에 복원한 배바우장터에서 농산물을 사고판다.

단해지고 부대끼면서 더 다져진다고 생각합니다. 물론 말은 쉽지만 시시각각 부닥치는 일상은 만만치 않습니다. 그럼에도 살아야 하니까, 사람답게 살고 싶으니까 서로를 포기할 수 없고 그렇게 함께 가는 겁니다.

가장 약한 사람이 주인이 되어야 합니다. 가장 낮은 곳에 있는 사람을 섬겨야 합니다. 그래야 평평해지니까요. 조금 아는 사람은 튀지 않아도 드러납니다. 특정한 누구의 공이 아니라 말없이 함께 지켜보고 응원해 주는 사람이 있기 때문에 가능한 일입니다. 지역에 사는 더 다양한 사람을 만나고 지역 안에서도 우리가 가 보지 못하고 만나지 못한 삶들을 만나기를 갈구했으면 합니다. 끼리끼리가 아니라 함께였으면 좋겠습니다.

옥천이 아니더라도 지역에 산다는 것은 참 중한 일 같습니다. 서울에 살면 천만 명 분의 일이지만 옥천에 살면 오만 명 중의 한 명이 됩니다. 안남

면에 살면 천 명 중의 한 명이 됩니다. 존재감이 드러납니다. 그리고 작아진 만큼 자기 제어권이 더 강해집니다. 작기 때문에 변화가 더 쉽습니다. 우리가 할 수 있는 것들이 많습니다. '으샤으샤' 하면 많은 것들을 바꿔 낼 수 있습니다. 저는 옥천이 유명해지지 않았으면 좋겠습니다. 그냥 자연스레 사람이 드나들면서 정착하는 사람이 조금씩 늘고 지금의 쾌적한 환경이 유지됐으면 좋겠습니다. 산업단지가 들어서서 사람이 확 늘어나는 것도 바라지 않습니다. 유명 관광지가 조성되어 사람이 확 몰리는 것도 바라지 않습니다. 지금처럼만 천천히 기지개를 펴듯 일어나서 움직거렸으면 좋겠습니다. 옥천에 오시어 지역의 자치와 자급, 순환과 공생, 연대와 환대에 대해 같이 이야기 나눌 시간이 있었으면 참 좋겠습니다.

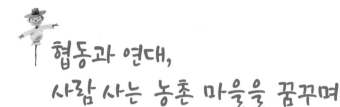

협동과 연대,
사람 사는 농촌 마을을 꿈꾸며

정기석 | 무주 초리넝쿨마을의 마을연구소(Commune Lab)에서 '마을로 하방해 사람답게 먹고사는 법'을 공부하고 연구한다. 농사짓는 낫과 호미는 아니지만, 도시에서 저마다 익힌 생활의 농기구를 써서 함께 살아가는 지속가능한 마을이 많아지기를 꿈꾼다. 『마을시민으로 사는 법』, 『마을을 먹여 살리는 마을기업』, 『사람 사는 대안마을』, 『농부의 나라』, 『농촌마을공동체를 살리는 100가지 방법』, 『마을주의자』, 『행복사회 유럽』 등을 지었다.

"독일 농촌으로 귀농을 하는 방법은 없을까. 만일 난민 신청을 해서라도 가능하다면, 얼마든지, 언제라도…"

2014년 봄, 독일·오스트리아 농촌공동체 연수를 다녀오고 내내 붙들고 있는 화두이자 숙제다. 어느덧 귀농 15년 차 '귀농정착기'에 접어들었다. 이제 경제적으로, 정신적으로 안주할 만도 한데 그게 잘되지 않는다. 아직 한국 농촌마을공동체의 현재와 현실에 집중하기 어렵다. 그렇다고 귀농해 사는 무주 초리녕쿨마을의 마을주민으로서 맡은 역할을 소홀히 하려는 건 아니다. 요즘 마을카페도 함께 열고, 마을학교도 더불어 꾸리는 마을공동체사업을 거드느라 나름대로 분주하다. 하지만 허전하고 불안한 마음이 좀처럼 가시지 않는다.

'과연 오늘날 형해화되고 공동화된 한국의 농촌에서 마을공동체사업을 잘해 낼 수 있을까? 한낱 외지의 귀농인 처지에 마을공동체의 구성원으로 뿌리를 내릴 수 있을까? 농사를 짓는 농부로 거듭 태어날 수 있을까? 그게 안 되면, 농사를 짓지 않는 마을주민으로나 어떻게든 먹고살 수는 있을까….'

스스로가 미덥지 못해 자꾸 물어보고 확인하지만 자신 있는 마음의 소리는 좀처럼 들리지 않는다. 눈은 자꾸 유럽의 파란 하늘을 향하고 속마음은 공연히 독일의 밀밭 언저리만 서성대고 있다. 몸도 마음도 덕유산 자락을 벗어나 유럽 알프스 자락에서 천방지축 뛰놀고 있다. 금방 소녀 하이디가 튀어나올 법한 그림 같은 산촌마을을 하염없이 그리워하고 있다. 여생은, 난민 처지일지언정 '농부의 나라, 유럽'에서 세계시민으로 살아 보기를 갈망하고 있다.

농부의 생활을 책임지는 '농부의 나라, EU'

그런데 '농부의 나라, 유럽'의 농부도 농사만 지어서 먹고살기 어렵기는 마찬가지다. 가령 지난날 신성로마제국의 맹주이자 EU의 중심, 독일의 농림업 생산총액은 국내총생산(GDP)의 1%에도 못 미친다. 농민은 전체 경제활동 인구의 2%도 안 된다. 평균 60ha의 농지를 보유하고 70%의 농지를 점유한 90%의 가족농은 밀 등 곡류, 낙농 등으로 연평균 약 6,000만 원의 농가

바벨관광농원과 생태공원 같은 풍광의 독일 농촌

소득을 얻을 뿐이다. 세금이 절반이라고 하니 실소득은 3,000만 원 정도 되는 셈이다. 도시 급여노동자의 80% 수준이라고 한다. 농업소득만으로는 부족하니 농촌관광, 농식품 가공 등을 겸업해 농외 소득을 보탠다고 해도 근근히 생활하는 가족농이 적지 않다.

그럼에도 독일은 '농부의 나라'로 부르기에 모자람이 없다. '돈 안 되는 농사를 짓고도' 농부들이 농촌에서 먹고살 수 있기 때문이다. 독일 농민들은 '농산물을 오로지 돈 되는 상품'으로 바라보지 않기 때문이다. 농사를 지어서 돈을 벌겠다는 욕심을 부리지 않기 때문이다. 농민들이 '돈이 안 되는 농사를 짓고도' 농촌을 떠나지 않고 능히 생활할 수 있도록 EU, 독일 정부, 주 정부가 농업직불금을 지급하기 때문이다.

독일의 농가마다 지급되는 직불금은 평균 4,000만 원 수준이다. 일단 경작농지 규모에 따라 소농은 2,000만 원 정도, 대농은 3~4억 원 넘게 책정

된다. 여기에 조건이 불리한 정도, 친환경농업 여부, 소농 여부에 따라 직불금이 가산된다. 특히 유럽의회는 2014년 '젊은 농업인 직불금(YFS, Young Farmers Scheme)' 지원제도를 신설, 40세 이하 신규 농업 종사자에게 최대 5년간 기존 직불금의 25%를 추가로 지불하고 있다. '젊은 농업인 직불금'의 연간 예산 규모는 약 1조 3천억 원 규모에 달한다. 젊은 농업인에게는 직불금 외에도 공유지 임대, 농업 시설물 설비 보조금 10%도 따로 지원된다.

이런저런 직불금을 전부 합치면 농가소득의 60%가 넘는 수준이다. 독일뿐 아니다. 스위스는 90%가 넘는다고 한다. 또 EU의 농정예산에서 농가에 직접 지불되는 직불금 비중은 70%가 넘는다. EU 공동농업정책(CAP, Common Agricultural Policy)에 따라 모든 회원국가, 모든 농민에게 지불된다. 사실상 농가의 기본생활을 보장하는 '농민 기본소득제'의 효과를 거두는 셈이다. EU 회원국가의 국민들이 농민들에 대한 응당한 보상이라며 기꺼이 동의하고 지지한 결과다. 한국처럼 간접지원방식, 토건사업 위주로 농정예산이 집행되면서 엉뚱하고 수상한 곳으로 국민의 세금이 흘러들어가거나 새지 않는다.

이같은 농업 정책 때문인지, 독일 등 EU 회원국가의 식량자급률은 대개 100%가 넘는다. 농가당 농가소득 대비 직불금 4% 수준의 한국은 식량자급률 50%, 곡물자급률 24%(사료 포함) 수준으로 OECD 최하위권이다. 모두가 조금씩 농부인, 국민 모두가 농부의 생활을 걱정하는, 국가와 정부가 농민의 삶을 돌보고 보살피는 '농부의 나라' 독일로, 유럽으로 귀농하고 싶은 이유는 이것으로 충분하다.

'돈 버는 농업' 보다 '사람 사는 농촌' 이 먼저

물론 농민의 통장에 직불금이라는 현금을 꼬박꼬박 이체해 준다고 완전무결한 생활기반은 보장되지 않는다. 돈만으로, 빵만으로 행복하고 안전하게 살 수는 없기 때문이다. 독일은 농업직불금 이전에 '먹고사는 걱정을 하지 않고 안심하고 안전하고 안정된 농촌생활을 할 수 있도록' 국가적인 차원에서 사회안전망을 탄탄히 구축해 놓고 있다. 무상교육, 무상의료, 고용안정 등 농민들의 기초적인 생활보장을 위해 정부가, 사회가 나서서 책임지고 있다. 농민들의 삶을 직접 돌보고 보살피고 있다.

그래서 농민들은 '국가와 정부가 농민인 나를 챙겨 주고 있다는 안도감과 신뢰감, 그리고 국민들도 농민의 삶을 제 일처럼 걱정해 준다는 고마움'이 살아가는 힘이 된다. 농민 또한 그런 국가와 정부를 믿는다. 사회의 규범과 질서를 마땅히 지킨다. 농민끼리 협동의 약속, 그리고 국민들과 연대의 합의를 잊지 않는다. 신뢰, 협동, 연대, 규범, 네트워크 같은 사회적 자본이 넘쳐나는 민주공화국 독일을 이루는 힘이다.

이처럼 독일 정부가, 유럽연합이 농정 예산의 3분의 2 이상을 농민의 기본생활을 보장하는 직불금으로 지급하는 원칙은 농정을 바라보는 근본적인 철학에서 우러나는 것이다. 독일 등 유럽연합 농정의 핵심목표는 '돈 버는 농업'보다는 '사람 사는 농촌'에 두고 있는 것으로 보인다. 90%의 가족농과 10%의 생산자조합(Gemeinschaft), 또는 농업협동조합(Genossenschaft)이 지키는 독일의 선진 농업과 농촌조차 경제성의 논리만으로는 지탱할 수 없다는 합리적인 판단과 결론에 따른 결정인 것이다.

심지어 독일에는 농부들 스스로 '남보다 더 많이 생산하고 더 벌려는' 욕심을 자기통제할 수 있도록 하는 법이 마련돼 있다. 생활과 생계 앞에서 이

독일 호헨로헤의 생산자조합에서 운영하는 농민시장

기적일 수밖에 없는 개별적 농민들이 자칫 출혈경쟁이나 과잉 독과점의 유혹으로 내몰리지 않도록 이성적으로 절제하고 양심적으로 합의를 지킬 수 있도록 법조항으로 명시해 놓았다. 1954년에 확고히 정립한 독일농정의 4대 기본목표, 이른바 '녹색계획(Green Plan)'이다.

"첫째, 농민도 일반국민과 동등한 소득과 풍요로운 삶의 질을 향유하며 국가 발전에 동참한다. 경쟁력 향상, 소득 증대만 추구하면 대다수 소농들의 토대는 무너지고 이농을 할 수밖에 없다. 둘째, 국민에게 질 좋고 건강한 농산물을 적정한 가격에 안정적으로 공급한다. 농산물을 과대포장해 비싸게 파는 것은 세금을 내는 국민을 배반하는 일이다. 셋째, 국제 농업과 식량 문제 해결에 기여한다. 자국의 먹을거리 문제 해결은 물론, 먹는 것으로 다른 나라의 목을 조이지 않는다. 넷째, 자연과 농촌의 문화경관을 보존하며 다양한 동식물을 보호한다. 농촌의 자연, 문화경관은 모든 국민이 즐길 권리다. 국도변, 아름다운 호숫가에는 상점도, 간판도 들어설 수 없다."

그렇다면 독일을 비롯한 EU 회원국가의 농정당국들이 그토록 자국의 농민과 농업을 보호하려는 이유는 뭘까. 독일 농정당국이 강조하는 농업의 열 가지 기능을 들어 보면 바로 이해된다. 왜 독일이라는 국가에 농업이 중요한지, 독일 농부들은 '농사꾼의 자부심과 자존감'이 그토록 크고 당당한지, 왜 독일 농부의 자식들이 기꺼이 농사의 가업을 물려받으려 하는지.

"하나, 농업은 우리의 식량을 보장한다. 둘, 농업은 우리 국민산업의 기반이다. 셋, 농업은 국민의 가계비 부담을 줄여 준다. 넷, 농업은 우리의 문화경관을 보존한다. 다섯, 농업은 마을과 농촌공간을 유지한다. 여섯, 농업은 환경을 책임감 있게 다룬다. 일곱, 농업은 국민의 휴양공간을 만들어 준다. 여덟, 농업은 값비싼 공업원료 작물을 생산한다. 아홉, 농업은 에너지 문제 해결에 이바지한다. 열, 농업은 흥미로운 직종을 제공한다."

독일 농촌은 코뮌이다

한국의 어느 농촌으로 귀농하려는 이들에게 일단 독일 농촌으로 학습여행을 떠날 것을 권한다. 귀농 결심을 하기 전에, 귀농 계획을 세우기 전에, 귀농을 결행하기 전에 우선 독일 등 유럽의 농촌을 한번 둘러보기를 진심으로 제안한다. '귀농을 하려면 일단 농촌이란 어떤 곳인지, 마을공동체란 무엇인지'를 아는 게 일의 순서라는 소신이다. 정부 또는 대산농촌재단 같은 민간단체의 연수지원 프로그램을 이용하면 돈을 많이 들이지 않아도 된다. 하지만 설사 지원을 받지 못해 빚을 내는 한이 있더라도 한번 다녀오면 좋겠다. 귀농의 목적을 정하기 위해, 귀농 현장의 진실을 깨닫기 위해, 귀농의 전망을 내다보기 위해, 그만한 투자의 가치가 충분히 있다. 한국에서는 볼 수 없는 '사람 사는 농부의 나라', 마을공동체(Commune)의 실천 현장을 내 눈으로 똑똑히 목격했기 때문이다.

2014년 봄, 대산농촌재단의 독일·오스트리아 농촌공동체 연수단에 참여한 목적은 단순명쾌했다. '함께, 더불어 사는 농촌공동체마을이란 게 과연 이기적이고 탐욕스러운 사람 주제에 가능한 일인지 내 눈으로 직접 확인해 보고 싶다'는 것. 지난 십수 년의 귀농 여정에서 겪었던 마을공동체의 시행착오와 한계의 원인과 해법을 선진농촌이라는 유럽에서 찾고 싶었다. 가난한 귀농인 처지에 일부 자부담도 부담스러웠지만 투자 대비 성과는 기대 이상으로 만족스러웠다. 바로 거기 꿈에 그리던 마을공동체가, 사람 사는 농부의 나라가, 코뮌(Commune)이 실재하고 있었기 때문이다.

독일이든 오스트리아든 가는 농촌마을마다 '돈을 벌어 보려 욕심 내는 농민'은 눈에 잘 띄지 않았다. 대신 '국토의 정원사'를 자임하며 농사일에 대한 자부심으로 충만한 농민들이 너른 들녘을 마치 생태공원처럼, 흡사 지상낙원 같은 풍광으로 아름답게 가꾸고 있었다. 놀랍게도 길에는 휴지 한 장 함부로 떨어져 있지 않았고 아무도 교통신호를 위반하지 않았다. 어느 지역에서도, 결코 경쟁적이거나 독과점적으로 농사를 짓지 않았다. 굳이 그럴 필요와 소용이 없도록 소농도, 가족농도 더불어 공존하고 공생하는 생활농촌생태계가 탄탄히 구축되어 있었다. '저 혼자만 잘 먹고 잘살지 않고, 기본적 생활에 필요한 돈 이상은 탐 내지 않도록' 법과 규범 이전에 사회적 자본과 사회안전망이 촘촘하고 두텁게 축적되어 있었다.

더군다나 독일을 비롯한 유럽에서는 아무나 농민이 될 수 없다. 국민의 먹을거리, 생명을 책임지는 성스러운 노동을 아무에게나 맡길 수는 없다는 게 이유다. 일단 농민이 되려면 학교에서 농사공부를 많이 해야 한다. 2%의 독일 농민들은 농업전문대학을 졸업하고 농업 마이스터 과정을 수료하고 농부고시에 합격한 정예 농업전문가들이다. 농촌의 주부로서 부업을 하려고 해도 자기 돈을 내고 농가경영학교 같은 곳에서 2년쯤 공부를 해야 한다. 치즈, 육류 등 농식품가공, 농박, 농촌체험 등 관광농업, 바이오매스 등 신재생에너지 등으로 소득창출 경로를 다양화하고 부가가치를 높이는 자기계발과 사회혁신의 노력 또한 쉬지 않는다.

'협동과 연대'의 협동조합, 농업회의소가 유럽 농촌의 힘

독일 농민들은 혼자, 수행하듯 농사짓지 않는다. 본인의 성공과 제 가족의 행복만 걱정하지 않는 것처럼 보인다. 이웃과 지역과 사회의 안녕도 아울러 챙기는 모습이다. 무엇보다 그런 전근대적인 독불장군식 농사로는 먹고 사는 데 한계가 있다는 사실을 잘 깨닫고 있다. 그래서 서로 협동하고 연대하는 협동조합형 공동체 협동경영방식이 현대적 독일 농업의 10%를 지탱하고 있다. 슈베비쉬 할(Schwäbisch Hall)의 생산자조합과 농민시장은 이러한 독일식 '협동연대 대안국민농정'의 표본이다.

슈베비쉬 할 생산자조합(www.besh.de)은 총면적 950㎡의 매장에서 4,000여 종류의 지역농산물을 직판하는 호헨로헤 농민시장을 비롯 식당, 정원, 빵가게, 지역여행사, 태양광발전소 등을 운영한다. 한국으로 치면 지역농협이 해야 할 역할과 책무를 농민들 스스로 감당하고 있는 셈이다. 주 정부와 생산자조합의 민관 거버넌스 협력을 통해 지역관광 명소로도 자리 잡았다. 1986년 설립 당시 8명의 생산자로 시작, 오늘날 1,500여 명의 조합원, 연간 1,500여억 원의 외형으로 성장했다.

무엇보다 독일 농민들은 사실상 농정자치를 실현하고 있다. 정부의 통제와 간섭을 받지 않는다. 행정의 무책임과 비효율로부터 자유롭다. 그 중심에 농업회의소가 있다. 무엇보다 EU는 농업회의소를 통해 WTO(국제무역기구)의 정부간섭 규정을 피해 가는 전략적이고 기술적인 협치농정을 성공적으로 펴고 있다. 정부 대신 민간 자치조직인 농업회의소를 앞에 내세워 WTO와 초국적 농기업의 무차별적 지배전략에 효과적으로 맞서고 있는 것이다. 그래서 농업회의소는 생산, 유통 등에서 정부의 기능을 사실상 대행하고 있다. 대부분의 주요 농산물은 농업회의소의 쿼터제로 생산 조정, 가격 조정, 수출입 간접 조정이 가능할 정도로 자치능력을 행사하고 있다.

농업회의소에 농정을 맡긴 독일 등 EU 각 회원국의 농정당국은 대신 먹

오스트리아 티롤의 공동 치즈 가공장과 직판 공방

을거리 안전, 직불제 등 농민 복지정책과 농촌사회정책 강화에 정책적 역량을 집중하고 있다. 가령 독일의 '소비자보호 및 식품농림성'은 그 이름에서 알 수 있듯 국민 먹을거리 총괄부처에 걸맞은 규모이자 위상이다. 농민 사회보험, 농가의 생활 안정, 농민 조직활동 활성화를 위해 농촌사회정책 예산에 30% 이상의 농정예산을 투입하고 있을 정도다. 한국의 농정예산에서 농촌복지 분야가 차지하는 비중은 5%가 채 되지 않는다.

오스트리아 티롤 주의 슈바츠 군단위 농업회의소는 이 같은 EU 민관협치 농정의 실천교과서라 할 만하다. 농업행정, 지도사업 관련 업무를 국가기관 대신 수행하고 있다. 한국의 시·군 단위 농정과와 농업기술센터의 역할과 책무를 농업회의소에서 온전히 떠맡고 있다. 권한과 위상이 국가기관의 그것과 다를 바 없다. 하지만 회장은 공무원이 아니라 4년 임기로 농민들이 선출하는 농민이다. 상근 인력의 인건비, 경비 등은 모두 국가가 지원한다. 충분한 예산을 지원하니 각 분야의 우수한 인재들이 모여들어 교육, 인증, 컨설팅 등 전문기관으로서의 본분과 소임을 다하고 있다. 이때 국가는 지원은 하되 간섭은 하지 않는 '팔길이의 원칙'을 고수한다.

폴케호이스콜레형 농업학교, 생활기술 직업학교에서 새로, 다시

독일, EU 농정의 깊은 속을 가만히 들여다보면 한국 농정의 문제는 법이나 정책의 부족이나 부재에서 비롯된 게 아니라는 사실을 눈치 챌 수 있다. 선진이니, 창조니, 스마트니, 융복합이니 하는 각종 현란한 지원 제도나 혁신 전략을 분주히 개발하는 데 헛심을 쓸 게 아니라는 제정신이 든다. 그전에 농정을 바라보는 근본 철학과 기초 패러다임부터 바꾸는 게 순서다. 그것도 교육으로부터, 사람을 가르치는 일부터, 농부를 키우는 일부터 새로,

다시 시작해야 한다. 대중적인 약물치료가 아닌 외과수술로, 농업정책만의 1차원이 아닌 국가와 사회정책의 판과 틀을 고치는 정도의 대공사가 필요하다. 사실 독일에서 농업이나 농촌보다 더 감동과 충격을 받은 건 교육, 사회복지, 정치 분야이다. 특히 협동하고 연대하는 독일 농민은 바로 독일의 교육 시스템이 빚어낸 빛나는 성과물이라고 해도 과언이 아니다.

독일에서 농부가 되려면 아예 농업전문학교부터 다녀야 한다. 한국에서 일부 사람들처럼 "할 것 없으면 농사나 짓지" 하는 경박한 마음으로 농지원부 발급 받고 농업경영체 등록한다고 농부가 되는 게 아니다. 농업학교를 졸업한다고 끝이 아니다. 다시 몇 년의 현장실습을 마쳐야 한다. 거기에 농부 자격고시를 봐서 합격해야 비로소 농부자격증을 딸 수 있다. 농부자격증이 있어야 비로소 농부로 인정받고 농사를 지을 수 있다는 말이다. 직불금 등 정부의 지원도 자격증 있는 농부만 받을 수 있다. 국민의 안전한 먹을거리와 생명을 책임지는 농업을 아무에게나 맡길 수 없다는 게 정부의 신념이고 사회적 합의인 것이다. 대신 정부는 농민의 기본적인 생활을 보장한다. 농부는 65세가 되면 은퇴해서 충분한 연금 등 사회안전망에 기대서 노후를 누릴 수 있다. 농사는 자식에게 자랑스러운 가업으로 물려준다. 죽으면 묘비에 자랑스러운 농부였다는 사실을 새긴다.

그렇다면 한국의 농정은 '농업학교'를 세우는 지점에서부터 다시 출발해야 마땅하다. 기왕이면 세계에서 가장 행복한 나라 덴마크를 만든 원동력인 '폴케호이스콜레형 농업전문학교'를 본 따 지역마다 세울 필요가 있다. '폴케호이스콜레'는 그룬트비가 농민과 민중의 정신을 일깨우기 위해 세운 '삶을 위한 학교'를 말한다. '생각하는 농민'과 '위대한 평민'을 기르는 홍성의 풀무농업고등기술학교는 한국판 폴케호이스콜레형 농민학교로 불린다.

그리고 귀농인들이 주민으로 동화되고 뿌리내릴 수 있도록 '지역에서 나도 먹고살고, 남과 이웃도 먹여 살릴 수 있는 직업적 생활기술'을 가르쳐야 한다. 농업학교 나온 농부들만 살아가는 농촌은 마을이 아니고 농장의 모습이기 쉽다. 그러자면 귀농인들에게 농사짓는 법 말고도 집 짓는 법, 음식 조리하는 법, 옷 만드는 법, 가구를 짜는 법, 에너지를 자립하는 법, 술을 빚는 법을 함께 가르쳐야 한다. 또 장사하는 법, 책을 쓰는 법, 그림을 그리는 법, 아이들을 돌보고 가르치는 법, 노인과 장애인을 보살피는 법, 마을공동체와 사회적 경제를 연구하는 법 등도 농촌에서 먹고사는 데 요긴한 생활의 기술이다.

이처럼 '먹고사는 데 절실하게 필요한 생활기술'을 귀농인들에게 체계적으로, 지속적으로 가르치는 '지역사회 생활기술 직업전문학교'도 지역마다 세우자. 그래야 귀농인들은 저마다 익힌 생활의 기술을 직업 삼아 안정되고 지속가능한 가계를 꾸릴 수 있다. '지역에서 먹고사는 두려움과 불안감'도 생활기술을 익히며 지역사회 전문가로 훈련받는 동안 모두 해소할 수 있다. 도시난민들은 안심하고 농촌으로 내려가 마을시민으로 전향할 수 있다.

한국의 농촌이 독일, 유럽처럼 '사람 사는 농부의 나라'가 되는 방법은 그리 어려워 보이지 않는다. 일단 농민직불금, 협동조합, 농업회의소, 농업학교, 생활기술 직업학교만 실천해도 가능할 듯하다. 그런데 그동안 우리 국가와 정부는 이같은 사실을 정말 몰랐는가. 설마 유럽 등 선진 농정을 그렇게 많이 조사하고 연구한 농정당국이 이런 기본적인 정보를 몰랐을 리 없다. 사실은 몰라서 안 한 게 아니라 하지 못할 피치 못할 사정이 있었을 것이다. 혹, 사회적 약자인 농민을 위하고, 국가의 변방인 농촌을 챙기고, 돈이 되지 않는 농업을 살리는 정책은 굳이 하기 싫은 게 아닌가. 국가경제나 국익에 전혀 보탬이 되지 않는 최하류, 최말단 정책쯤으로 여겨 '살농정책'의 낙인을 찍어 놓은 건 아닌가. 그렇다면 우리 국민은 독일 난민으로 귀농하는 수밖에 다른 도리가 없는 건 아닌가.

귀농 정보 곳간

전국귀농운동본부와 지역별 귀농학교

전국귀농운동본부 www.refarm.org 031-408-4080 경기도 군포시 속달동 24-4

▶ 서울생태귀농학교

도시의 삶을 벗어버리고, 가치관을 새롭게 정립하는 인생의 전환점에 서 있는 분들은 한 번쯤 농촌으로 돌아가 생명·자연과 하나 되는 삶을 생각해 봅니다. 이런 분들에게 서울생 태귀농학교는 생태적 가치와 자립하는 삶이라는 화두로 귀농학교를 열고 있습니다. 일주 일에 2회(저녁 7시 20분~9시 30분)씩 2달 동안 진행되는 귀농학교가 1년에 2~3회 있으며, 여름휴가 기간에 4박 5일 동안 진행되는 여름생태귀농학교는 가족과 함께 참여할 수 있는 좋은 기회입니다.

▶ 소농학교

유기물을 순환시켜 흙을 살리고 풍토에 알맞은 제철 농산물을 생산하는 소농의 방식만이 다가올 피크오일(Peak Oil), 식량 위기의 대안이 될 것입니다. 소농학교에서는 1년 동안 밭 농사와 논농사 실습을 하며 전통농업에서 배울 점을 찾고 탈석유 농업을 위한 대안을 고 민해 봅니다. 자립하는 소농을 꿈꾸는 분이라면 소농학교에서 그 답을 함께 찾아갔으면 합니다.

순창군 귀농귀촌지원센터 063-653-5421 전북 순창군 풍산면 금풍로 1013

순창군 귀농귀촌지원센터는 순창군의 수탁사업으로 전국귀농운동본부가 운영하는 기관 입니다. 지속가능한 농촌 모델을 만들기 위해 귀농기초과정(순창 1박2일 탐방, 순창귀촌학 교), 귀농심화과정(6주 합숙형 농촌생활학교, 순창 10대 작물 현장실습), 농촌생활기술과 정(생태건축, 적정기술, 발효학교)을 교육하고 있습니다.

부산귀농학교

051-462-7333 www.busanrefarm.org 부산시 동래구 사직3동 157-44 재원빌딩 3층

부산귀농학교는 산업문명과 환경생태계의 위기와 한계 속에서 도시인들을 중심으로 귀농 에 대한 올바른 교육과 준비를 통하여 새로운 대안으로서 농촌농업의 가치와 중요성을 일 깨우고자 합니다. 예비 귀농자와 도시에서 생태적 삶을 실천하기를 희망하는 분들을 위한 도시농부학교(농부기초과정)와 자립하는 소농학교(농부심화과정), 귀농·귀촌을 희망하 는 분들을 위한 생태귀농학교(귀농입문과정), 청년세대 실전귀농탐색(귀농심화과정) 프로 그램을 운영합니다. 또 생태귀농학교의 아름다운 십시일반 전통으로 귀농두레팀이 이어지 고 있습니다. 귀농학교를 수료하고 귀농하지 못한 동문들은 귀농두레팀을 꾸려 귀농자들

의 농사일이나 귀농 준비와 정착에 필요한 도움, 집 손보기 등 일손을 돕습니다.

광주전남귀농학교

062-373-6183 cafe.daum.net/landlovers 광주광역시 남구 포충로 937번지

광주전남귀농학교는 자연의 유기적 순환을 존중하며 식의주를 내 손으로 직접 만들어 사용하는 생태적 가치와 자립하는 생활문화를 추구합니다. 귀농·귀촌을 돕는 생태귀농학교와 소농학교, 도시농업 활성을 위한 도시텃밭, 학교텃밭에서의 도시농부학교를 열고 있습니다. 생태논두레와 토종학교를 통해 토종종자와 전통농업을 연구하고 실천하는 다양한 활동도 펼치고 있습니다.

화천현장귀농학교

033-442-6233 cafe.naver.com/kiunzang 강원도 화천군 간동면 간척리 474

화천현장귀농학교는 봄부터 가을까지 자연의 흐름에 따라 함께 농사짓고 집 짓는 현장실습형 장기귀농학교를 열고 있습니다. 친환경 농업을 통해 경제적 자립이 가능한 농부를 교육하는 것을 목표로 지역에서의 삶, 대안적 삶에 대한 가능성을 제시하고자 합니다. 또 귀촌을 준비하거나 아직 농업에 대한 확고한 의지가 부족한 분들을 위해 체류형 과정도 모집합니다. 1개월부터 7개월까지 개인, 가족 단위로 '귀농인의 집'에서 체류하면서 체험과 실습을 해보는 과정입니다.

경남생태귀농학교

055-275-0044 cafe.daum.net/kskschool 경남 창원시 의창구 신월동 13-67

경남귀농학교는 정규과정으로 1년에 2회(4월 봄학기, 9월 가을학기) 개강하며, 심화과정과 귀촌생활과정이 있습니다.

거창귀농학교

055-944-5646 www.ggschool.or.kr 경남 거창군 고제면 봉산리 624

농업사회의 두레문화 정신을 이어가는 거창귀농학교는 12박 13일 과정의 100시간 수료 모둠반, 장기 휴가를 내기 힘든 분들이 수시로 입퇴교하며 배울 수 있는 수시반, 산야초·오미자·포도·사과 등 후원 농가가 전 과정을 지도해 주는 특화반 교육이 있습니다.

기독교귀농학교

043-873-0053 www.hunn.or.kr 충북 음성군 소여리 233

농촌선교훈련원에서는 매년 기독교귀농학교를 열어 귀농을 희망하고 준비하는 사람들을 돕고 있습니다.

도시농업

전국도시농업시민협의회

02-6204-5629   cafe.naver.com/dosinongupsimin

사단법인 전국도시농업시민협의회는 도시농업 활동을 하는 단체들의 연합입니다. 서울, 경기, 인천, 부산, 대전, 광주, 대구, 경북, 충북 등 전국 40여 단체가 활동 중입니다. 시민이 주도하는 도시농업을 통해 도시의 생태적 변화를 이끌어 내며, 도시에서의 경작활동을 이기적·개인적 영역을 뛰어넘는 이웃과 공동체를 위한 활동으로 발전시키고자 합니다.
협의회 카페에서 각 지역 소속 단체를 안내하고 있습니다. 도시에서 텃밭 농사를 짓고 싶거나 도시농부학교, 학교텃밭 관련 정보를 찾을 때 도움을 받을 수 있습니다.

▶ 서울 도시농업네트워크   cafe.daum.net/cityagric
▶ 마포 도시농업네트워크   cafe.naver.com/mapofarm
▶ 인천 도시농업네트워크   cafe.naver.com/dosinongup
▶ 광명 텃밭보급소   cafe.daum.net/kmgardeningmentor

(더 자세한 소속 단체들은 전국도시농업시민협의회에서 볼 수 있습니다.)

텃밭보급소

02-324-8180   www.dosinong.or.kr   cafe.daum.net/gardeningmentor

텃밭보급소는 농촌과 함께하는 도시, 자립하고 순환하는 도시를 만들어 가고자 하는 도시농부들의 시민단체입니다. 수도권에서 도시텃밭을 운영하며 살균제, 살충제를 쓰지 않고, 제초제와 화학비료를 쓰지 않으며 비닐을 덮지 않는 농사를 짓습니다(4원칙). 더불어 내 몸에서 배출된 것을 순환시켜 퇴비화하는 운동, 곧 자가거름 만들기 실천, 토종 종자를 살리면서 전통농업을 복원하는 운동, 이웃과 함께하는 공동체 운동을 지향합니다(3지향). 한 번쯤 도시에서 텃밭 농사를 짓고 싶은 생각이 있었거나 귀농을 생각하고 있다면 텃밭보급소의 문을 두드려 보세요. 도시농부학교와 학교텃밭 강사 등 도시농업 전문가를 양성하는 텃밭보급원 자격과정도 운영합니다.

▶ 홍덕 LH나눔텃밭

LH나눔텃밭은 한국토지주택공사(LH)가 용인에 보유한 약 4,500평의 땅을 활용해서 시민들이 농사지을 수 있게 만든 밭과 논입니다. 공동경작한 작물을 지역의 저소득층과 나누어 먹고 이러한 나눔 문화의 확산을 통해 생태적이고 지속가능한 마을공동체를 만들어 가고자 LH가 텃밭보급소에게 위탁 운영하는 사회공헌 사업입니다.

용인 시민들에게 분양하는 텃밭, 학생들의 교육용 체험텃밭, 휠체어를 타고 들어갈 수 있는 장애인텃밭, 논농사를 체험할 수 있는 논이 있습니다. 나눔텃밭에서 개인 텃밭을 분양받으면 5명이 1조로 구성된 공동경작을 해야 하고 그 수확물을 지역사회에 기증해야 합니다. 매년 3월 정해진 신청기간에 텃밭 현장이나 텃밭보급소 카페를 통해서 분양받을 수 있습니다.

LH나눔텃밭 위치 : 경기도 용인시 기흥구 영덕동 1099번지(홍덕성당 옆)

전환마을은평

facebook.com/transitioneunpyeong

전환마을은평은 지속가능한 마을을 만들기 위한 시민단체이자 사람들의 네트워크입니다. 서울의 은평 지역을 중심으로 함께 살아가는 사람들이 모여 위기에 빠진 생태계를 어떻게 살릴 것인지 함께 고민하고 그 전환점을 찾아가려고 합니다. 사람들이 가진 재능과 시간을 나누고, 자본이 아닌 관계의 힘으로 자립을 위해 노력합니다. 대부분 30~40대 젊은이들로 이뤄진 전환마을은평 구성원들은 갈현텃밭이라 불리는 서울 은평구 갈현도시농업체험원에서 만난 도시농부들입니다. 풀학교, 퍼머컬처학교, 발효학교, 자립자족학교, 짚풀공예학교 등 다양한 교육과 홍보 활동을 펼치고 있습니다. 더불어 도시텃밭에서 생산된 친환경 먹을거리가 지역사회에서 안전하게 유통될 수 있는 시스템을 고민하는 과정에서 전환마을부엌 '밥·풀·꽃(www.facebook.com/babfullgot)'을 열었습니다. 재기발랄한 청년들의 소박한 식당인 밥·풀·꽃은 낮에는 지역의 도시농부들이 생산한 식재료를 중심으로 제철 밥상을 차리고, 밤에는 여러 명의 요리사가 돌아가면서 색다른 술상을 차립니다.

풍신난 농부들

cafe.naver.com/daejari

풍신난 농부들은 생태적 가치와 자연순환 농사를 실천하고 땅과 씨앗을 나누는 농사 커뮤니티입니다. 서울 구산동, 고양, 벽제, 파주, 강화도 등 서울과 수도권 지역에서 묵히는 땅을 빌려 공동체 형태로 함께 농사를 짓습니다. 밭마다 밭장이 있어 1년 농사 계획과 일정을 공유하며 주말에 주로 모여 함께 일합니다. 시농제, 토마토 장아찌 담기, 생강 효소·잼 만들기, 김장, 추수 감사제 등 철마다 여러 밭의 농부들이 함께 모여 팜파티도 벌입니다. 개인 농사도 짓지만 마늘, 양파, 쌀 등 함께 지은 농산물은 도시장터인 마르쉐에 내다 팝니다. 텃밭을 시작하는 게 어렵게 느껴지는 분은 풍신난 농부들과 함께 농사를 지으면서 선배들에게 자연스럽게 농사를 배워 보세요.

수원텃밭보급소 씨앗도서관

cafe.daum.net/swgardeningmentor

수원 씨앗도서관은 씨앗을 도서관에 박제시키지 않고 씨앗의 생명을 계속 이어가고 이웃으로 퍼져 나갈 수 있도록 토종씨앗을 빌려주는 곳입니다. 토종씨앗을 대출받아서 심고 길러 토종 농작물 고유의 맛을 밥상에서 나누고, 씨앗을 채종, 갈무리하여 도서관에 되돌려주면 됩니다. 이렇게 돌아온 씨앗은 다시 이웃에 빌려주어 토종씨앗의 순환이 이어집니다. 씨앗도서관을 운영하는 수원텃밭보급소에서는 토종씨앗의 무사 귀환을 위해 씨 뿌리기, 채종, 보관법 등을 교육하고 있습니다. 또한 수원텃밭보급소에서는 도시농부학교, 어린이 농부학교를 운영하며 수원 지역의 도시농업 네트워크 정보를 제공합니다.

귀농 정보 가득한 인터넷 사이트

귀농 관련 정부 기관
▶ 농림수산식품교육문화정보원 www.epis.or.kr

▶ 귀농귀촌종합센터 www.returnfarm.com

▶ 옥답포털 www.okdab.com

▶ 농업인력포털 www.agriedu.net

농사 정보
▶ 토종종자모임 씨드림 cafe.daum.net/seedream

▶ 자연을 닮은 사람들 www.naturei.net

▶ 태평농업 www.taepyeong.co.kr

▶ 한국유기농업협회 www.organic.or.kr

가축
▶ 국립축산과학원 www.nias.go.kr

▶ 대한양계협회 www.poultry.or.kr

▶ 대한한돈협회 www.koreapork.or.kr

▶ 한국낙농육우협회 www.naknong.or.kr

▶ 한국양봉협회 www.korapis.or.kr

건축
▶ 흙건축연구소 살림 cafe.naver.com/earthist21

▶ 한국전통직업전문학교 www.hanok.co.kr

▶ 한옥문화원 www.hanok.org

▶ 흙처럼아쉬람 www.mudashram.com

적정기술
▶ 전환기술사회적협동조합 www.kcot.kr

▶ 자립하는 삶을 만드는 적정기술센터 cafe.naver.com/selfmadecenter

▶ 흙부대 생활기술 네트워크 cafe.naver.com/earthbaghouse

▶ 항꾸네협동조합 www.facebook.com/hangkkune

건강

▶ 겨레사랑생활건강회 www.ulnara.or.kr
▶ 민족의학연구원 www.kmif.org

교육

▶ 간디학교 www.gandhischool.net
▶ 공동육아와 공동체교육 www.gongdong.or.kr
▶ 온배움터 www.green.ac.kr
▶ 대안교육 잡지 〈민들레〉 www.mindle.org
▶ 대안교육연대 psae.or.kr
▶ 농촌유학전국협의회 cafe.daum.net/koreafarmschool
▶ 홈스쿨링 가정연대 cafe.daum.net/homestogether
▶ 수도권 생태유아공동체 www.ecokid.org
▶ 실상사 작은 학교 www.jakeun.org
▶ 어린이도서연구회 www.childbook.org
▶ 푸른꿈고등학교 www.purunkum.hs.kr
▶ 하자센터 www.haja.net
▶ 풀무농업고등기술학교 환경농업전공부 www.poolmoo.net

공동체

▶ 영광 여민동락공동체 cafe.daum.net/ym3531141
▶ 야마기시즘 www.yamagishism.co.kr
▶ 화천 토고미마을 togomi.invil.org
▶ 홍성 젊은협업농장 collabo-farm.com

이웃 단체

▶ 가톨릭환경연대 www.cen.or.kr
▶ 녹색연합 www.greenkorea.org
▶ 녹색평론사 www.greenreview.co.kr
▶ 한국농어촌사회연구소 www.agrikorea.or.kr
▶ 에코붓다 www.ecobuddha.org
▶ 인드라망 생명공동체 www.indramang.org
▶ 생명의 숲 www.forest.or.kr
▶ 자원순환사회연대 www.waste21.or.kr

- ▶ 전국농민회총연맹 www.ijunnong.net
- ▶ 전국여성농민회총연합 www.kwpa.org
- ▶ 풀꽃세상을 위한 모임 www.fulssi.or.kr
- ▶ 한살림 www.hansalim.co.kr
- ▶ 정농회 cafe.daum.net/jeongnong
- ▶ 우리밀 살리기 운동본부 www.woorimil.or.kr
- ▶ 환경운동연합 kfem.or.kr
- ▶ 환경정의 www.eco.or.kr
- ▶ 흙살림연구소 www.heuk.or.kr
- ▶ 원주협동사회경제네트워크 www.wjcoop.or.kr

농업 관련 언론

- ▶ 농민신문 www.nongmin.co.kr
- ▶ 농수축산신문 www.aflnews.co.kr
- ▶ 농업인신문 www.nongupin.co.kr
- ▶ 월간 원예 www.hortitimes.com
- ▶ 한국농어민신문 agrinet.co.kr

농업 관련 공공 기관

- ▶ 농림축산식품부 www.mafra.go.kr
- ▶ 농촌진흥청 www.rda.go.kr
- ▶ 국립농업과학원 www.naas.go.kr
- ▶ 국립원예특작과학원 www.nihhs.go.kr
- ▶ 국립종자원 www.seed.go.kr
- ▶ 한국농수산식품유통공사 www.at.or.kr
- ▶ 농업과학도서관 lib.rda.go.kr

기타

- ▶ 임원경제연구소 www.imwon.net
- ▶ 괴산언론협동조합 〈느티나무 통신〉 www.gsnews.or.kr
- ▶ 〈전라도닷컴〉 jeonlado.com
- ▶ 시티파머뉴스 www.cityfarmer.info